中国农村经营管理
统计年报

（2015年）

农业部农村经济体制与经营管理司 ◎ 编
农业部农村合作经济经营管理总站

中国农业出版社

编 写 委 员 会

主　编：张红宇
副主编：王乐君
编　委（按姓名笔画排序）：

    王小兵　金文成　赵　鲲　赵铁桥　袁志军
    贾广东　黄延信　冀名峰　戴　军

编　者（按姓名笔画排序）：

    王　蕾　师高康　刘　涛　刘　磊　刘玉萍
    刘继红　孙邦群　杨　霞　杨凯波　吴晓佳
    余　葵　宋代强　张伟民　呼　倩　信婷婷
    贺　潇　黎　阳

    张文华（北京）李新鹏（天津）　杨香菊（河北）
    周　敏（山西）王红宇（内蒙古）刘启明（辽宁）
    刘真湖（吉林）朱华生（黑龙江）张　礌（上海）
    夏　卫（江苏）李振航（浙江）　吴劲梅（安徽）
    郑　佳（福建）肖俊华（江西）　刘　宁（山东）
    周　艳（河南）左　军（湖北）　孙绮翎（湖南）
    吴　定（广东）黄　涛（广西）　林诗燕（海南）
    马善运（重庆）何　苗（四川）　周娅莎（贵州）
    张志强（云南）成虎民（陕西）　任燕红（甘肃）
    侯永学（青海）刘向鹏（宁夏）　郭岩青（新疆）

编 者 说 明

　　农村经营管理统计是国家农业农村经济社会统计制度的重要组成部分。新中国成立以来，经历了合作社、人民公社、农村改革等重大改革变化形成了当今的农村经营管理统计调查制度。《中国农村经营管理统计年报（2015 年）》是根据农村经营管理情况统计报表制度调查数据汇总、编辑的，也是首次公开出版发行。

　　本资料包括两部分。第一部分介绍"十二五"时期农村经营体制机制在改革中不断完善的系列分析报告。第二部分系统收录了全国和各省、自治区、直辖市（不含西藏和广东省深圳市）2015 年农村集体经济组织及资源、农村土地承包及流转、村集体收益分配及资产负债状况、农业部门统计调查的家庭农场及农民专业合作组织发展、农民负担、农村经营管理机构队伍及信息化等方面的统计数据。为方便读者参考，篇末附有统计指标解释。

　　本资料收录的农民专业合作社数量略低于国家工商总局掌握的在工商部门登记注册的合作社数量，主要是西藏自治区和深圳市、国有农垦企业未纳入统计范围，部分已进行工商登记但未实际运行的合作社没纳入调查。

与 2014 年统计口径相比，本资料将家庭农场统计口径调整为农业部门认定的家庭农场。

表中的"—"表示无该项数据。

本资料可供各级党委政府、有关部门和有关科研教学单位及专家学者了解农村集体经济发展情况和农村集体产权制度、农村土地承包制度、农业经营制度等改革情况，以及农民权益维护等情况时参考。

2016 年 6 月

目　　录

第一篇

"十二五"时期农村经营管理情况分析报告

"十二五"时期农村土地承包
和流转情况统计分析

"十二五"时期,各地认真贯彻落实农村土地承包法律政策,扎实推进土地承包经营权确权登记颁证试点,加强土地经营权流转管理和服务,在保持现有农村土地承包关系稳定的前提下,积极发展多种形式适度规模经营。主要有以下特点:

一、土地承包经营权确权登记颁证试点稳步推进,农村土地承包关系总体稳定

为妥善解决农户承包地面积不准、四至不清、登记簿不全等问题,按照中央要求,农业部会同有关部门组织开展了土地承包经营权确权登记颁证试点,各地也结合实际先行先试,为全面推开积累经验。在取得整村、整乡和整县试点经验的基础上,2014年确定安徽、山东、四川 3 个省全面开展试点,2015 年扩大到12 个整省试点。截至 2015 年年底,全国有 2 323 个县(市、区)开展了试点,累计确权面积 4.7 亿亩*,占农村集体耕地面积的

---

* 亩为非法定计量单位,1 亩≈667 米^2。——编者注

25.9%。其中整省试点确权承包地面积 3.2 亿亩，占全部确权面积的 68%。目前，试点工作平稳顺利推进，全国 2.3 亿农户承包了农村集体耕地，承包地面积不准、四至不清、登记簿不全等问题正通过试点稳步解决，法律赋予农民对承包土地的各项权利进一步落实，现有农村土地承包关系稳定，为现代农业发展奠定了坚实的制度基础。

二、土地经营权流转增速趋缓，规范化程度有所提升

到 2015 年年底，土地经营权流转面积达到 4.47 亿亩，比 2010 年的 1.87 亿亩增长 1.39 倍，年均增长 19.1%；流转面积占家庭承包耕地面积的比重由 14.7% 提高到 33.3%，年均提高 3.7 个百分点；流转出承包耕地的农户由 3 320.9 万户增加到 6 329.5 万户，占承包耕地农户数的比重由 14.5% 增加到 27.5%。中央高度重视引导和规范土地经营权流转，2014 年专门下发了《中央办公厅国务院办公厅关于引导农村土地经营权有序流转发展农业适度规模经营的意见》（中办发〔2014〕61 号），土地经营权流转面积环比增速趋缓，规范化程度提高。2011—2013 年，年度间环比增速超过 20%，2014 年回落到 18.3%，2015 年进一步回落到 10.8%。签订流转合同的土地经营权流转面积，2010—2013 年的 3 年间增加了 1.19 亿亩，2013—2015 年的 2 年间增加了 0.8 亿亩，合同签订率由 2010 年的 56.7% 提高到 2015 年的 67.8%。

三、转包出租仍是主要形式，出租入股互换面积增长较快

2010—2015 年，转包面积由 0.96 亿亩增加到 2.1 亿亩，年均增长 16.9%，占比由 51.6% 下降到 47%；出租面积由 0.49 亿亩增加到 1.53 亿亩，年均增长 25.5%，占比由 26.4% 增加到 34.3%。转包出租合计 3.63 亿亩，占土地经营权流转面积的 81.3%。同期，入股、互换面积增长较快，入股面积由 1 112 万亩增加到 2 716.9 万亩，年均增长 19.6%，占比由 6% 提高到 6.1%；互换面积由 958.3 万亩增加到 2 407.2 万亩，年均增长 20.2%，占比由 5.1% 提高到 5.4%。出租、入股、互换面积增长较快，是中央鼓励各地采取土地流转、土地入股、土地托管等多种形式，发展农业适度规模经营政策效果的充分体现。

四、流转入合作社和企业的耕地增加，流转入农户的耕地比重下降

流转入合作社的耕地面积由 0.22 亿亩增加到 0.97 亿亩，年均增长 34.5%，占比由 11.9% 上升到 21.8%；流转入企业的耕地面积由 0.15 亿亩增加到 0.42 亿亩，年均增长 22.9%，占比由 8.1% 上升到 9.5%。流转入农户的耕地面积由 1.29 亿亩增加到 2.62 亿亩，年均增长 15.2%，占比由 69.2% 下降到 58.6%。

五、农户经营耕地规模呈扩大趋势

目前，全国2.3亿农户平均承包集体耕地7.8亩，小规模经营仍是农业生产最基本的经营方式。随着农村劳动力向非农产业转移就业、农业人口向城镇转移落户，经过土地流转形成的规模经营农户数量增加、耕地经营规模扩大是大趋势。"十二五"期间，经营耕地10亩以下的农户数量维持在2.1亿户左右；10~30亩的农户由2 825.2万户减少到2 760.6万户，减少了64.6万户；30亩以上的农户由882.3万户增加到1 052.1万户，超过了1 000万户。其中50亩以上的农户数由273.3万户增加到356.6万户，增长30.5%，增加83.3万户。

六、累计受理纠纷超百万，调解仲裁成效显著

"十二五"期间，县、乡两级农村经营管理机构和市、县两级仲裁委员会，平均每年受理土地承包经营纠纷25.1万件，5年累计125.5万件。从纠纷类型看，土地承包纠纷仍占多数，2015年为21.1万件，但占比呈下降态势，由2010年的64.2%下降到2015年的63.1%；流转纠纷数量和占比同步上升，由2010年的6.44万件增加到2015年的11万件，占比由29%增加到32.6%。从调处情况看，绝大部分土地承包经营纠纷通过调解仲裁得以解决，纠纷调处率由2010年的87.1%提高到2015年的90.2%。在已调处的纠纷中，90%以上通过调解解决。随着

各地仲裁能力的提升，仲裁纠纷的数量和占比不断提升，由 2010 年的 1.27 万件增至 2015 年的 2.32 万件，占比相应由 6.6％提高到 7.6％。

"十二五"时期村集体收支情况统计分析

"十二五"时期，由于财政支持力度不断加大，村集体自营收入保持增长，村级组织财务收支总体上保持良好态势，呈现出如下特点：

一、村集体收入持续较快增长

"十二五"时期，村集体经济组织年度总收入由 2010 年的 3 046.7 亿元增加到 2015 年的 4 099.5 亿元，年均增长 6.1%，比"十一五"时期年均增速高 1.5 个百分点；村均当年收益由 15.7 万元提高到 24.4 万元，年均增长 9.2%，比"十一五"时期年均增速高 1.9 个百分点。从收入构成看，经营收入占比居首位，补助收入增幅最大。经营收入占比由 41.6% 降到 34.8%，但仍居各项收入之首；补助收入占比 14.4% 升至 21.1%，增幅最大；发包及上交收入占比由 20% 下降到 18.2%；投资收益占比由 2.6% 上升至 3.0%；其他收入占比由 21.4% 升至 22.9%。从收入增量看，财政补助收入贡献最大。村均财政补助收入由 7.4 万元增加到 15 万元，年均增幅 15.1%，对收入增长贡献为 39.4%。村均经营性收入扭转了"十一五"时期在波动中减少的态势，由 21.4 万元增加到 24.6 万元，年均增幅 2.9%，对收入增长贡献为 16.6%。村均发包及上交收入由 10.3 万元增加到 12.9 万元，年均增幅 4.6%，对收入增长贡献为 13.5%。村均投资收益突破 2 万元，2015 年达到 2.1 万元，年均增幅 9.5%，对收入增长贡献为 4.1%。**从区域发展看，西部地区收入增速较快，但与东中部差距仍较大。**受国家扩大对西部地区财政转移支付的影响，"十二五"期间，西部地区总收入年均增长 9.8%，比东部的 5.7% 高出 4.1 个百分点，比中部的 5.5% 高出 4.3 个百分点。西部地区村均补助收入年增长率达 17.4%，比东部 14.1% 高出 3.3 个百分点，比中部 15.3% 高出 2.1 个百分点。但从村均经营收入看，地区差异仍然较大。2015 年，东、中、西部村均经营收入分别为 47.9 万元、11.5 万元、6.1 万元，收入比为 7.9∶1.9∶1。

二、村集体支出增速低于收入增速

2010—2015 年，村集体总支出由 2 114.4 亿元增加到 2 682.8 亿元，年均增长 4.9%，比"十一五"期间年均增长高出 1.4 个百分点，但比同期总收入年均增长仍低 1.2 个百分点。村均集体总支出由 35.7 万元增加到 46.3 万元，年均增长 5.4%，比"十一五"时期高 1.9 个百分点。**从支出去向看，公益性支出增幅较大。**村均管理费用由 9.5 万元增加到 13.9 万元，年均增幅 7.9%，其中，村均干部报酬由 3.4 万元增长到 5.6 万元，年均增幅 10.5%。村均其他支出由 11.3 万元增加到 18.2 万元，年均增长 10.1%，主要是由于公益性支出较快增长。村均经营性支出由 14.9 万元下降到 14.2 万元，年均减幅 0.9%。**从支出构成看，经营性支出持续下降。**村集体经营性活动减少，村均经营支出占比由 41.7%降至 30.6%，下降了 11.1 个百分点。管理费用占比小幅上升，由 26.7%提高到 30.1%，上升了 3.4 个百分点。其中干部报酬占管理费用比重由 35.6%提高到 40.1%，增加了 4.5 个百分点。村均其他支出由 31.6%提高到 39.3%，增加了 7.7 个百分点。**分地区看，西部地区支出增幅最大。**"十二五"期间，西部地区总支出、村均支出年增长率分别达 10.1%、10.6%，高于东、中部地区。西部地区的支出中，管理费用增长最多，村均管理费用由"十一五"期末的 3.9 万元增长到 2015 年的 7.5 万元，年均增长 13.8%。

三、经营收益高的村数明显增多

2010—2015 年，当年无经营收益和经营收益在 5 万元以下的村由 48.2 万个减少到 44.2 万个，占总村数的比重由 81.4%下降到 76.3%；经营收益在 5 万~10 万元的村由 4.7 万个增加到 5.6 万个，增长了 19.1%，占总村数的比重由 7.9%增加到 9.6%；经营收益 10 万元以上的村由 6.4 万个增加到 8.2 万个，增长了 28.1%，占总村数的比重由 10.8%增加到 14.1%。

"十二五"时期村集体资产财务状况统计分析

"十二五"时期，由于中央和各级党委政府逐步扩大了对村级组织运行和公益事业建设的支持，一些地方相继出台了扶持集体经济发展的政策措施，农村集体资产财务管理普遍加强，村集体经济组织总资产和净资产同步较快增长，呈现如下特点：

一、村级账面资产增长较快，西部地区资产规模增长较快

"十二五"时期，全国30个省（自治区、直辖市）村集体经济组织账面资产总额由2010年的1.85万亿元增长到2015年的2.86万亿元，增长54.6%，年均增长9.1%。**从资产构成看，各类资产占比变化不大。**流动资产由0.79万亿元增加到1.22万亿元，年均增长9.2%，占资产总额的比重由42.8%提高到43%；长期资产由1.03万亿元增加到1.60万亿元，年均增长9.1%，占资产总额的比重保持在56%水平；农业资产由233.5亿元增加到293亿元，年均增长4.6%，占资产总额的比重由1.3%降低到1.0%。在各项资产的分类构成中，流动资产中的存货和农业资产中的牲畜（禽）资产，随着集体直接从事农业经

营活动的减少而出现明显下降，但降幅趋缓。分地区看，西部地区资产规模增长较快，资产总量的比重有所提升。东部地区资产总额由 1.40 万亿元增加到 2.16 万亿元，年均增长 9.1％，占资产总额的比重在波动中保持在 75％～76％水平，其中，2015 年，北京、江苏、浙江、山东、广东等 5 省市村集体资产总额占全国的 60.9％，比"十一五"末增加 0.7 个百分点。中部地区资产总额由 0.31 万亿元增加到 0.44 万亿元，年均增长 7.6％，占资产总额的比重从 16.6％降到 15.5％。西部地区资产总额由 0.14 万亿元增加到 0.26 万亿元，年均增长 12.8％，占资产总额的比重由 7.6％提高到 9％。东中西部资产总额比由 2010 年的 10：2.2：1 变为 2015 年的 8.4：1.7：1。

二、经营性负债和兴办公益事业负债得到有效控制，短期应付款占负债总额比重上升

"十二五"时期，村集体经济组织账面负债总额由 2010 年的 0.74 万亿元增长到 2015 年的 1.13 万亿元，年均增长 8.8％，资产负债率保持在 40％左右。从负债构成看，应付款项较快增长，占负债总额的比重上升。应付款项由 5076.4 亿元增加到 8 391亿元，年均增长 10.6％，占负债总额的比重由 68.9％提高到 74.3％，提高 5.4 个百分点，应引起重视。向成员筹集但尚未投入的一事一议资金由 35.5 亿元增加到 121.5 亿元，平均增长 27.9％，占总负债总额的比重由 0.5％上升到 1.1％。从负债成因看，经营性负债和兴办公益事业负债总体上得到控制，比重持

续下降。"十二五"时期,经营性负债虽略有波动,但基本维持在 1 100 亿元左右的水平,占负债总额的比重由 14.8% 降至 10.3%,下降 4.5 个百分点。兴办公益事业负债由 995.5 亿元增加到 2013 年的 1 140.3 亿元,2015 年回落到 1 115.3 亿元,年均增长 2.3%,占负债总额的比重由 13.5% 降至 9.9%。其他负债由 5 289.9 亿元增加到 9 014.5 亿元,增加了 70.4%,主要为暂收性质的财务负债,如未分配的土地安置补偿费、财政拨付尚未使用的工程款、代收应支付给农民的土地流转费等,这部分负债如果监管不力,则面临着巨大的风险,也是近年来农民信访反映比较集中的问题。

三、净资产持续较快增长,当年收益是其主要来源

"十二五"时期,村集体经济组织账面净资产(所有者权益)由 2010 年的 1.11 万亿元增加到 2015 年的 1.73 万亿元,累计增加 6 205.6 亿元,年均增长 9.3%,占总资产的比重保持在 60% 水平。从净资产增加的来源看,从当年收益提取公积公益金合计 1 918.5 亿元,占净资产增加额的 30.9%;向农户筹集和财政奖补的"一事一议"资金合计 1 722.5 亿元,占净资产增加额的 27.8%;留存集体的土地征占补偿费累计增加 1 158 亿元,占净资产增加额的 18.7%。

"十二五"时期农村集体财务
管理情况统计分析

据农业部农村经营管理情况统计调查,"十二五"时期,村级财务管理继续加强,民主理财制度进一步完善,审计监督进一步强化,呈现如下特点:

一、全面建立农村集体财务公开制度

"十二五"时期,全国实行财务公开的村达到58.8万个,占总村数的比重由2010年的95.7％提高到2015年的97.4％,实行财务公开的村地区差距很小,东、中、西部地区所占比重分别为97.6％、97.4％和97％。建立村民主理财小组的村由2010年的56.7万个增加到2015年的57.5万个,增加了0.8万个,占总村数的比重提高到95.2％,东、中、西部地区建立民主理财小组的村所占比重分别为97.2％、96.6％、90.5％,西部略低。

二、普遍实行村会计委托代理

"十二五"时期,实行村会计委托代理制的乡镇由2010年的

2.8 万个增加到 2015 年的 3.1 万个，占乡镇总数的比重由 76.5％提高到 85.2％。其中，西部地区占全国比重有所提高，由 31％增加到 34.8％，东、中部地区略有减少，分别由 32.5％、36.5％减少到 31％、34.2％。实行委托代理的村由 2010 年的 48 万个增加到 2015 年的 52.5 万个，占总村数的比重由 78％提高到 86.9％，覆盖范围较广。

三、继续推进村级财务管理信息化

全国实行会计电算化的村由 2010 年的 27.6 万个增加到 2015 年的 36.2 万个，占全国总村数比重达到 60％，年均增长 5.6％，东、中、西部地区实行会计电算化的村比重分别为 72％、67.6％、33.9％。

四、继续加强农村集体经济审计

"十二五"期间，各地结合村委会换届，加强了对村集体的审计监督，确保 3 年内全部审计一遍。一是审计强度加大。2015 年，全国审计单位数为 38.3 万个，占总村数的 63.4％；已审单位资金总额由 2010 年的 7 736.8 亿元连续跨越 8 000 亿元、9 000 亿元台阶，增加到 1 万亿元以上，2015 年达到 1.3 万亿元。二是违纪状况有所减少。存在违纪问题的单位占被审计单位的比重由 2010 年的 2.2％下降到 2015 年的 1.9％，违纪金额占比由 2010 年的 0.13％下降为 2015 年的 0.04％。被审计单位违纪强度也明显减弱，被审计单位违纪金额由 2010 年的 9.8 亿元下降到 2015 年的 5 亿元，平均每个违纪单位违纪金额由 2010 年的 11.3 万元下降到 2015 的 7.1 万元。这表明，审计监督在提高农村财务管理的规范程度中发挥了重要作用。三是**审计能力有所提升**。虽然从事农村集体经济审计人员数量稍有下降，由 2010 年的 5 万人降到 2015 年的 4.9 万人，但在岗人员专业能力得到提升，持审计证上岗的人数由 29 410 人增加至 31 478 人，持证上岗率提高了 6.2 个百分点。

"十二五"时期农村集体产权制度
改革情况统计分析

"十二五"期间，按照中央全面深化农村改革的总体部署，各地结合实际，探索开展农村集体产权制度改革，取得积极进展。主要有以下特点：

一、完成改革的村有较大幅度增长

"十二五"期间，全国完成产权制度改革的村由 2010 年的 1.3 万个增加到 2015 年的 5.8 万个，增长了 3.5 倍，占全国村总数的 9.6%。**分地区看**，截至 2015 年年底，东部地区、中部地区、西部地区完成产权制度改革的村分别为 5.3 万个、0.2 万个、0.3 万个，占完成村数的比重分别为 91%、2.9%、6.1%。西部地区高于中部地区，主要原因是四川省成都市把"四权"（确权颁发耕地承包经营权证、集体建设用地使用权证、农村房屋所有权证、集体林地使用权证）上市交易制度作为改革内容，全面推进集体产权制度改革，仅该省完成改革村数就占到西部地区的 84.8%。分省看，北京、江苏、浙江、山东、广东、四川 6 省市完成产权制度改革的村占全国完成村数的 92.8%。

二、折股量化资产总额快速增加，已达全国村级账面资产的两成

2010—2015 年，完成集体产权制度改革的村量化资产总额由 2 528.1 亿元增至 6 073.8 亿元，年均增长 19.2%，占全国村级账面资产总额的 21.2%，村均量化资产为 1 045 万元。**分地区看**，随着四川、贵州、陕西等部分地区产权制度改革（试点）工作意见的出台，"十二五"期间，西部地区的村量化资产总额增幅最大，由 43.1 亿元增加到 120.7 亿元，年均增长 22.9%，东、中部地区量化资产总额分别由 2 394.4 亿元、90.6 亿元增至 5 775.2 亿元、177.9 亿元，年增长率分别为 19.3%、14.4%。2015 年年底，东、中、西部地区完成产权制度改革的村均量化资产额分别为 1 091.2 万元、1 073 万元、341 万元。

三、成员股东快速增长，累计股金分红超千亿

"十二五"期间，全国村级设立股东由 1 718.6 万人（个）增至 8 173.9 万人（个），增长 3.8 倍，占农村（户籍）人口 96 899.6 万人的 8.4%。其中，集体股东的比重由 0.17% 降至 0.07%，社员个人股东比重由 87.5% 增至 96.4%。完成产权制度改革的村累计股金分红总额由 440.7 亿元增至 1 593.3 亿元，增长 2.6 倍，每个股东累积分红 2 755 元。当年股金分红总额由 87.8 亿元增至 256.8 亿元，增长 1.9 倍。

"十二五"时期农民专业合作社
发展情况统计分析

"十二五"时期，按照中央关于鼓励发展合作经济的要求，各地采取有力措施，大力开展指导与服务，农民合作社得到快速发展，呈现如下特点：

一、农民合作社数翻两番，入社农户数超过 1 亿户

"十二五"期末，全国依法登记的农民合作社从"十一五"期末的 37.9 万家增加到"十二五"期末的 153.1 万家，增长了 3 倍，年均增长 32.2%。入社农户数从 2 721 万个（户）增加到 10 051万个（户），占全国农户总数的 42.0%，增长 2.7 倍，年均增长 29.9%，社均成员达到 65.9 人。分地区看，"十二五"期末，东部、中部和西部合作社占比分别为 36.6%、37.2% 和 26.3%，其中，西部合作社增幅最快，年均增速 36.5%，分别高于东部 10.3 个百分点、中部 34.7 个百分点。入社成员数东部最高，其次为中部和西部，分别占成员总数 44.3%、30.7% 和 25.0%。

二、从行业分类看，以种养业为主，种植业比重持续扩大，其中粮食类增幅显著

"十二五"期末，种植业、畜牧业、服务业、林业、渔业、其他类合作社占合作社总数的比重分别为 53.2%、24.3%、8.1%、5.9%、3.4%、5.1%。其中，种植业合作社年均增速 33.4%，比重持续小幅上升，比"十一五"期末上升 5.4 个百分点；畜牧业合作社年均增速 25.6%，比重持续小幅下降，比"十一五"期末下降 5.2 个百分点；服务业合作社年均增速 29.1%，其中，农机服务业比重超过六成且年均增速最快。值得注意的是，随着国家对粮食生产支持力度的加大，粮食类合作社快速发展。"十二五"期末，粮食类合作社占种植业合作社的比重为 38.9%，比"十一五"期末上升 17.1 个百分点。其中粮食主产区成立的粮食类合作社占全国粮食类合作社的 84.0%，比"十一五"期末上升 15.8 个百分点。

三、从经营服务方式看，实行产加销一体化服务的合作社仍占半数以上，生产服务型合作社增速较快

"十二五"期末，实行产加销一体化服务的合作社占合作社总数的 52.9%，比"十一五"期末增长 0.7 个百分点，年均增速 30.9%。以生产服务为主的合作社位居第二位，但增速较为明显，年均增速 32.8%，比重由 26.2% 上升至 28.5%，增长

2.3个百分点。

四、合作社为成员提供经营服务总值超过万亿元，其中东部地区经营服务能力最强

"十二五"期末农民合作社为成员提供的经营服务总值为10 620亿元，比"十一五"期末增长107.5%，年均增速20.0%。其中，统一销售农产品总值达7 866亿元，平均为每个成员销售农产品1.3万元；统一购买生产投入品总值达2 754亿元，平均为每个成员购买生产投入品0.5万元。分地区看，东部地区合作社服务成员能力较强，"十二五"期末，东部地区每个合作社经营服务总值在94.0万元，中西部次之，分别为78.6万元和60.6万元。可分配盈余2010年为316.3亿元，到2015年达到957亿元，增长了2倍；社均可分配盈余保持8万～10万元，2015年平均每个社员分配1 597元。

五、合作社更加注重规范化发展，政府扶持力度继续加大

在前期发展中，一些地方重数量、轻质量，制约了合作社功能作用的充分发挥。为此，2014年农业部、国家发改委、财政部等九部门联合印发了《关于引导和促进农民合作社规范发展的意见》（农经发〔2014〕7号），要求把加强农民合作社规范化建设摆在更加突出位置。"十二五"期末，被农业部门认定为示范社的占合作社总数的9.5%，获得注册产品商标的占5.6%，通过产品质量认证的占 3.0%，采取可分配盈余按交易量返还的占 22.0%。上述占比虽比"十一五"期末有所下降但逐年下降趋势得到有效遏制。预计"十二五"期间，各级财政扶持资金总额累计近 250 亿元，扶持金额年均增幅 5.0%，平均每社获得扶持资金 13.8 万元，但扶持范围有所下降，占合作社总数的 2.5%，降低 4.6 个百分点，其中一个主要原因是个别省市开始采取金融支农政策，以财政资金撬动银行资金用于合作社贷款，仅 2015 年年底合作社当年贷款余额就超过 110 亿元。

"十二五"时期农业产业化发展情况统计分析

"十二五"期间，农业产业化发展面临的形势发生深刻变化。新形势下，各级产业化主管部门多措并举，各类产业化组织迎难而上，农业产业化保持了稳健发展的态势，实现了圆满收官，为"十三五"良好开局奠定了坚实基础。

一、产业化组织不断发展壮大

截至 2015 年年底，全国各类农业产业化组织总数达到 38.6 万个，比"十一五"末期增长 51.4%。其中，龙头企业 12.9 万家，销售收入 9.2 万亿元，分别比"十一五"末期增长 29.7% 和 82.9%；销售收入 2 000 万元以下和 1 亿元以上的龙头企业数量增长最快，呈现"两头并进"的态势。与龙头企业有效对接的农民合作经济组织超过 23 万个，比"十一五"末期增长 98.0%，占产业化组织总数的 62.0%。

二、生产基地建设力度不断加大

在国家扶持政策引领下，各类产业化组织加大原料生产基地建设的投入力度，推行质量体系认证和品牌建设，推进了优质高效农产品的供给。到 2015 年年底，农业产业化组织固定资产总额达 5.0 万亿元，比"十一五"期末增长近 1 倍，快于组织数量增速，平均固定资产规模继续保持增长。同时，各类农业产业化组织为农户提供品种供应、技术指导、病害防治等专业化服务，指导农户调减了低端、过剩产能，提高了有效供给。2015 年省级以上龙头企业农业技术推广服务人员 24.7 万人，为农户垫付生产资料平均达 582.4 万元，培训农民平均投入近 60 万元。

三、科技创新能力进一步提高

"十二五"期间，龙头企业更加重视科研投入，紧紧围绕市场需求，推进产品创新和技术创新，强化品牌打造。2015 年，省级以上龙头企业科技研发投入达 537.3 亿元，拥有农业科技人员 60 万人，超过 1/4 的龙头企业科技研发投入占企业年销售收入的 1% 以上。超过七成的省级以上龙头企业通过了 ISO9000、HACCP、GAP、GMP 等质量体系认证，获省以上名牌产品或著名（驰名）商标和"三品一标"认证的龙头企业数量占比均超过 50%。

四、带动农民就业增收效果显著

2015 年，全国各类农业产业化组织辐射带动农户 1.26 亿，农户从事产业化经营户均增收达 3 380 元，分别比"十一五"末增长 17.6％和 54.1％。主要采取四种利益联结方式让农民分享增值收益：一是订单带动。2015 年，各类农业产业化组织中采取订单方式带动农户的占 45.0％，订单总额较上年增长 9.7％。二是利润返还。2015 年，采取利润返还、二次分红等方式向农户返还加工流通环节利润的产业化组织数量，较上年增长 12.9％。省级以上龙头企业平均向每户农民返还或分配的利润达 300 多元。三是股份合作。龙头企业的资金、设备、技术，与农户的土地经营权、劳动力等要素通过股份的方式结合在一起，实现了"利益共享、风险共担"，是最紧密的利益联结关系。四是服务联结。龙头企业通过为农户提供种养技术、贷款担保等服务，不仅带领农户进入新领域、扩大农户参与农村产业融合的机会，而且提升农户自我发展能力。据抽样调查，目前近 40％的龙头企业为农户提供仓储和物流服务；72％的龙头企业通过为农民提供农产品价格、市场供求和疫病疫情等信息，帮助农户有效规避市场和自然风险。

五、扶持政策体系逐步建立

"十二五"期间，全国农业产业化联席会议各部门通力合作、密切配合，制定了投资、财税、金融等一系列扶持政策。各地也积极整合资源、加强指导与服务，优化农业产业化发展环境。为进一步加大对农业产业化和龙头企业的支持力度，2012年国务院下发了《关于支持农业产业化龙头企业发展的意见》（国发〔2012〕10号），系统总结了农业产业化和龙头企业发展成就和重要作用，明确提出了推进农业产业化和龙头企业发展的总体思路、基本原则和目标任务，构建了支持龙头企业发展的政策框架。各相关部门和地方全面部署，狠抓落实，努力推动政策措施真正落到实处、取得实效。农业部等相关部门明确了部委内部分工，或印发了贯彻实施意见，江西、福建等25个省（区、市）制定出台了专门的落实配套文件，多层次、多渠道、多形式的农业产业化政策扶持体系逐步建立。

"十二五"时期农民负担情况统计分析

"十二五"时期,按照中央关于进一步减轻农民负担的部署,各地切实加强新时期农民负担监督管理,规范一事一议筹资筹劳工作,农民负担总体保持较低水平,农村公益事业建设取得积极进展,呈现如下特点:

一、农民负担总体继续保持较低水平

"十二五"期间,2011年农民人均承担各种费用44.1元,占农民人均纯收入的0.63%,到2015年,降为35.7元,占当年农民人均纯收入的0.31%,下降了0.32个百分点,降幅达50%。与此同时,农民人均承担费用前期出现上升,2012年达到高点后有所下降。从"十一五"期末到2012年全国农民直接承担费用由363.5亿元增加到434.5亿元,增加了19.8%;农民人均承担费用相应地由38.6元增加到45.6元,增加了18.1%。这期间,农民承担费用增加的主要原因是2011年一事一议财政奖补在全国全面推开,造成一事一议筹资及以资代劳增长较快。中央对减负工作高度重视,于2012年下发了国务院办公厅《关于进一步减轻农民负担工作的意见》（国办发〔2012〕22 号），要求巩固农村税费改革成果，防止农民负担反弹，加大对农村公益事业投入力度。2012—2015 年，全国农民直接承担的费用总额①连续下降，从 434.5 亿元降至 2015 年底的 347.7 亿元，减少 20.0%；农民人均承担费用由 45.6 元下降到 35.7 元，减少 21.7%。其中，人均各类社会负担 13.1 元、上交集体各种款项 13.2 元、一事一议筹资和以资代劳 9.4 元，分别占人均负担的 36.7%、37.0%和 26.3%。

二、一事一议筹资筹劳达到高峰后持续减少

随着一事一议筹资筹劳财政奖补政策的逐步推开，"十一五"期间，一事一议筹资筹劳涉及村数、筹资和以资代劳金额、筹劳工日数分别以年均 13.2%、27.1%和 6.4%的增速持续上涨，进入"十二五"继续延续递增态势，直至 2012 年达到最高峰开始下降。筹资筹劳涉及村数从 2012 年的 22.8 万个下降到 2015 年的 14.5 万个，占全国总村数的比重从 37.3%下降到 23.9%。从人均筹资筹劳情况看，人均筹资金额从最高峰的 31.0 元减少到 28.6 元，人均筹劳工日数从最高峰的 8.8 个下降到 7.2 个。值得注意的是，西部地区人均筹资和筹劳最多，2015 年人均筹资金额和筹劳工日数分别比全国平均水平高

---

① 包括上交集体款项、一事一议筹资及以资代劳、各类社会负担。本分析报告依据 2010—2015 年的农村经营管理情况统计调查。

38.5%和20.4%。

三、社会负担在持续增加后首次出现回落

"十二五"期间,各类社会负担①增速明显放缓,特别是2014年首次出现社会负担金额由增到减的明显变化,年均增速从"十一五"期末的2.4%下降至-2.1%。**从构成看,**行政事业性收费仍是社会负担的主要构成,其增减变动直接影响社会负担的变化。2015年年底,行政事业性收费124.2亿元,占社会负担金额的97.8%,其中,69.3%的费用来自计划生育收费;集资摊派0.61亿元,占社会负担金额的0.5%,其中,道路、水利摊派仍是最主要来源;罚款2.66亿元,占社会负担金额的2.1%。**从趋势看,**"十二五"期间罚款和集资摊派明显减少,年均下降5.1%和21.5%,基本延续"十一五"期间年均下降6.6%和20.3%的态势,但行政事业性收费因计划生育收费的持续增加自2013年以前仍保持较高增速,比"十一五"年均增速3.4%还高出3.9个百分点。2012—2013年,财政部会同国家发改委连续两次下发《关于进一步取消和免征部分行政事业性收费项目的通知》,与此同时,计划生育收费管理更加规范,到2014年年底,行政事业性收费首次下降。

---

① 包括行政事业性收费、罚款、集资摊派。

四、部分涉农收费事项有所增多

"十二五"期间，农业部会同有关部门加大涉农收费专项治理，推动减免或降低涉农收费政策落实，涉农乱收费乱罚款现象明显减少。一是农业生产性收费[①]继续减少，但灌溉水费仍在增加。农业生产性收费从"十一五"时期的 162.7 亿元小幅下降至 2015 年年底的 150.3 亿元，年均下降 1.6%，其中灌溉电费和水费所占比重持续在 97% 左右。值得注意的是，农民上交的生产性收费中，农业灌溉水费在 2014 年以前仍以年均 1.1% 增速增长，直至 2015 年才开始回落，其中，西部地区水费负担最重，占到本地区生产性收费的 67.5%。电费支出降幅较为明显，年均下降 2.4%，其中，东部地区电费负担最重，占本地区生产性收费的 72.4%。二是土地承包金上涨，导致农民上交集体款项[②]有所增加。农民上交的集体款 88.3% 来自土地承包金，随着土地承包金费用的连年增加，导致农民上交集体款达到 2015 年年底的 128.4 亿元，年均增速 2.1%，比"十一五"期末增长 11.1%。不过，除土地承包金增加外，农民上交集体的共同生产费、建房收费等费用年均下降均在 8% 左右。

---

① 农业生产性收费包括农业灌溉水费、灌溉电费及其他费用。
② 上交集体款包括上交土地承包金、上交共同生产费、上交建房费用及其他款项。

"十二五"时期一村一品
发展情况统计分析

"十二五"期间，各地按照中央要求和部署，立足农业农村新形势新要求，围绕农业转型升级和全面建成小康目标，以特色挖掘、品牌打造、功能拓展等为重点，积极探索，努力创新，大力推进一村一品发展，一村一品保持健康快速发展的良好势头。

一、专业村镇稳健发展，有力加快农村区域经济繁荣

各地立足本地优势资源，综合考虑产业基础、区位优势和市场条件等因素，优先发展具有竞争力的主导产业和特色产品，形成了一大批专业村镇，激发了区域经济活力，拓宽了农民就业增收渠道，成为农业农村经济发展中的亮点。截至 2015 年年底，全国各类专业村达到 58 148 个，比 2010 年增长 12.94%，专业村农民人均可支配收入 13 287 元，比 2010 年专业村农民人均纯收入增长 94.2%。

二、产业集聚效应凸显，有力促进农业区域布局优化

各地根据新一轮的特色农产品区域布局规划，积极引导专业

村镇发展规模化、专业化、标准化生产基地，并辐射带动周边区域，提高了优势特色产业集聚水平，进一步优化了农业结构和区域布局。2015年，全国专业村种植基地面积达到11 809万亩、水产养殖面积706万亩、牲畜养殖量4 973万头，分别比2010年增长29.57%、10.83%和11%。从行业布局看，从事蔬菜、水果、茶叶、花卉产业的专业村数量达到31 679个，比2010年增长35%，产业集聚效应进一步凸显。

三、名优产品不断增多，有力助推供给侧结构性改革

各地在推进一村一品过程中，更加注重培育地方特色农产品品牌，通过积极申报"三品一标"和国家地理标志产品保护认证，提升产品知名度和市场竞争力，将特色资源优势转化为竞争优势，打造出许多颇具影响力的特色农产品知名品牌，有力助推了农业供给侧结构性改革。截至2015年，主导产品获得无公害农产品、绿色食品、有机农产品认证的专业村有15 776个、7 467个和3 887个，分别比2010年增长18.6%、40.9%和83%；有16 414个专业村拥有注册商标，4 930个专业村获得省以上名牌产品，13 164个专业村获得地理标志产品保护认证，分别比2010年增长34%、20.1%和73.5%。

四、农业功能加快拓展，有力促进农村产业融合发展

一村一品的快速发展，许多专业村镇通过产业链延伸，有效

带动了自身及周边农产品加工、储藏、包装、运输等相关产业发展；通过产业范围拓展和产业功能转型，充分发掘农业的休闲观光、文化传承、生态保护等功能，积极发展乡村旅游、民俗文化产业、生态特色农业；通过引进新技术、新业态、新商业模式，积极发展电子商务、网络营销等新兴业态，有力促进了农村一二三产业融合发展。截至 2015 年年底，全国建有农产品专业批发市场的专业村 9 568 个，开展电子商务营销的专业村 3 011 个，分别比 2010 年增长 47.2％和 87.6％，绝大多数专业村在发展特色产业同时都涉足休闲农业、传统工艺、民俗文化等产业。

五、带农增收势头强劲，有力加快农村脱贫攻坚步伐

近年来，许多贫困地区更加深刻认识到发展一村一品是依托优势资源开展差异竞争、实现错位发展、增加农民收入的有效途径，通过实施一村一品强村富民工程，有力加快了贫困地区脱贫攻坚的步伐。截至 2015 年年底，全国 832 个国家级贫困县已发展有各类一村一品专业村 12 187 个，占全国专业村总数的 21％；这些专业村农民人均可支配收入达到 8 943 元，虽只占全国农民人均可支配收入的 78.3％，但这一比重已比上年（2014 年贫困县专业村农民人均纯收入占全国平均水平 71.8％）高出 6.5 个百分点。

2015 年 34 万户家庭农场
统计分析

据经管司、经管总站 2015 年底对 30 个省、区、市（不含西藏）34.3 万户家庭农场专项统计调查，目前家庭农场呈现如下特点：

一、六成以上家庭农场从事种植业生产经营

纳入本次调查的 34.3 万个家庭农场中，有 3.9 万个被认定为示范性家庭农场，占 11.4%。从家庭农场的劳动力情况看，平均每个家庭农场劳动力 6.6 人，其中家庭成员 4.3 人，常年雇工 2.3 人。按行业划分，从事种植业的家庭农场 21.2 万个，占家庭农场总数的 61.9%，其中，从事粮食生产的 14.4 万个，占种植类家庭农场总数的 67.9%；从事畜牧业的家庭农场 6.6 万个，占家庭农场总数的 19.3%；从事渔业、种养结合、其他类型的家庭农场分别为 2.02 万个、3.07 万个、1.36 万个，分别占家庭农场总数的 5.9%、9.0%、4.0%。

二、七成多的耕地来自土地承包经营权流转

各类家庭农场经营土地面积 5 191.4 万亩，其中耕地 4 310.9 万亩，占 83.0%。平均每个家庭农场经营耕地在 125 亩左右。从事粮食生产的家庭农场，耕地经营规模在 50～200 亩之间的占 63.1%，200～500 亩的占 28.0%，500～1 000 亩的占 6.5%，1 000 亩以上的占 2.4%。从经营耕地的来源看，家庭承包经营的耕地面积 879.3 万亩，占 20.4%，流转经营的耕地面积 3 186.9 万亩，占 73.9%，以其他承包方式经营的耕地面积 244.7 万亩，占 5.7%。

三、家庭农场平均毛收益约 20 万元

2015 年，各类家庭农场年销售农产品总值 1 260.2 亿元，平均每个家庭农场 36.8 万元。其中，年销售总值在 10 万元以下的家庭农场 11.4 万个，占家庭农场总数的 33.3%；10 万～50 万元的占 44.2%；50 万～100 万元的占 15.3%；100 万元以上的占 7.2%。各类家庭农场购买农业生产投入品总值 589.8 亿元，平均每个家庭农场 17.2 万元。如果忽略投入品中农业机械等固定资产的折旧因素以及土地流转租金和人工成本，平均每个家庭农场毛收益[①]约 20 万元。

---

① 不考虑固定资产折旧、土地流转费、人工工资等成本，每个家庭农场毛收益额≈（销售农产品总值－购买生产投入品总值）/家庭农场数量

四、获得扶持的家庭农场数量较少

截至 2015 年年底，获得财政资金扶持的家庭农场有 2.3 万个，占家庭农场总数的 6.6%，主要集中在上海、江苏、重庆、浙江、陕西、安徽、江西等省市。扶持资金总额 13.4 亿元，其中，由省级扶持的占 42.2%，市级占 16.5%，县级占 41.3%，平均每个享受财政扶持的家庭农场获得扶持资金 5.9 万元。获得贷款支持的家庭农场有 2.0 万个，占家庭农场总数的 5.9%，主要集中在浙江、安徽、江苏、江西、湖北等省市。其中，贷款金额在 20 万元及以下的家庭农场有 1.3 万个，占 65.1%。贷款扶持资金总额 40.5 亿元，平均每个获得贷款支持的家庭农场获得贷款资金 20.1 万元。

第二篇

2015年农村经营管理统计数据

表1 全国农村经济基本情况统计总表

单位：个、万户、万人、万亩

指标名称	数量	占总体%	比上年增长%
一、基层组织			
1. 汇总乡镇数	36 243	—	−0.4
2. 汇总村数	603 999	100.0	−0.7
（1）村集体经济组织数	243 761	40.4	−1.0
（2）村委会代行村集体经济组织职能的村数	360 238	59.6	−0.5
3. 汇总村民小组数	4 954 579	100.0	0.04
其中：组集体经济组织数	774 282	15.6	0.02
二、农户及人口情况			
1. 汇总农户数	26 744.3	100.0	0.7
（1）纯农户	17 323.0	64.8	0.1
（2）农业兼业户	4 834.6	18.1	1.4
（3）非农业兼业户	2 286.1	8.6	1.5
（4）非农户	2 300.6	8.5	3.5
2. 汇总人口数	97 408.2	—	0.5
三、汇总劳动力数	**57 096.9**	**100.0**	**0.6**
其中：1. 从事家庭经营	31 468.0	55.1	−0.3
其中：从事第一产业	21 783.4	38.2	−0.8
2. 外出务工劳动力	23 377.2	40.9	1.5
其中：常年外出务工劳动力	19 076.2	33.4	1.5
（1）乡外县内	6 279.0	11.0	3.2
（2）县外省内	5 605.8	9.8	1.7
（3）省外	7 191.4	12.6	−0.1

（续）

指标名称	数量	占总体%	比上年增长%
四、集体所有的农用地总面积	**637 561.0**	**100.0**	**0.8**
1. 耕地	145 432.6	22.8	1.6
其中：(1) 归村所有的面积	57 853.5	9.1	−1.4
(2) 归组所有的面积	76 102.0	11.9	3.8
2. 园地	12 000.0	1.9	1.6
其中：家庭承包经营面积	6 072.5	1.0	0.8
3. 林地	197 277.4	30.9	1.1
其中：家庭承包经营面积	101 397.7	15.9	0.5
4. 草地	241 942.8	37.9	1.6
其中：家庭承包经营面积	176 765.3	27.7	3.1
5. 养殖水面	7 431.2	1.2	−1.4
其中：家庭承包经营面积	2 857.3	0.4	−0.5
6. 其他	33 476.9	5.3	−7.7
五、农户经营耕地规模情况			
1. 经营耕地 10 亩以下的农户数	22 931.7	85.7	0.5
其中：未经营耕地的农户数	1 656.6	—	5.1
2. 经营耕地 10～30 亩的农户数	2 760.6	10.3	2.1
3. 经营耕地 30～50 亩的农户数	695.4	2.6	0.6
4. 经营耕地 50～100 亩的农户数	242.3	1.0	2.9
5. 经营耕地 100～200 亩的农户数	79.8	0.3	6.6
6. 经营耕地 200 亩以上的农户数	34.5	0.1	11.0

表 1-1　各地区农村经济基本情况统计表

地区	汇总乡镇数	汇总村数	村集体经济组织数	村委会代行村集体经济组织职能的村数	汇总村民小组数	组集体经济组织数
全　　国	**36 243**	**603 999**	**243 761**	**360 238**	**4 954 579**	**774 282**
北　　京	195	3 962	3 962	0	16 975	179
天　　津	154	3 725	340	3 385	20 213	35
河　　北	2 076	49 173	14 419	34 754	218 903	17 636
山　　西	1 326	28 282	8 855	19 427	84 501	7 084
内　蒙古	827	11 310	17	11 293	58 976	11
辽　　宁	1 171	12 247	3 134	9 113	93 300	4 928
吉　　林	715	9 374	669	8 705	62 133	6 857
黑　龙江	887	9 015	4 389	4 626	62 509	1 221
上　　海	116	1 663	1 434	229	22 832	0
江　　苏	1 222	17 603	10 747	6 856	273 240	35 415
浙　　江	1 265	29 429	29 423	6	323 030	6 152
安　　徽	1 376	15 912	2 721	13 191	311 470	17 771
福　　建	1 029	14 885	3 846	11 039	161 568	7 119
江　　西	1 521	17 496	4 760	12 736	201 613	26 152
山　　东	1 766	81 989	33 904	48 085	329 510	3 813
河　　南	2 225	48 202	11 616	36 586	406 988	22 910
湖　　北	1 154	26 027	9 199	16 828	209 637	11 502
湖　　南	2 242	40 873	11 153	29 720	473 683	58 627
广　　东	1 449	22 645	22 639	6	233 530	218 589
广　　西	1 179	14 936	6 784	8 152	270 105	60 408
海　　南	200	3 383	2 561	822	25 323	25 323
重　　庆	958	9 198	1 731	7 467	76 770	35 917
四　　川	4 434	48 076	28 070	20 006	381 681	161 931
贵　　州	1 367	17 115	8 088	9 027	171 895	6 558
云　　南	1 385	13 514	1 328	12 186	167 722	5 632
陕　　西	1 310	22 541	7 041	15 500	136 406	17 144
甘　　肃	1 251	16 114	4 230	11 884	96 868	10 229
青　　海	375	4 184	2 528	1 656	17 051	122
宁　　夏	205	2 272	132	2 140	14 534	430
新　　疆	863	8 854	4 041	4 813	31 613	4 587

（续）

地　区	汇总农户数	纯农户	农业兼业户	非农业兼业户	非农户	汇总人口数
全　国	26 744.3	17 323.0	4 834.6	2 286.1	2 300.6	97 408.2
北　京	145.6	28.2	35.3	31.3	50.8	311.9
天　津	130.8	58.1	27.9	15.9	28.8	397.4
河　北	1 564.7	1 147.3	243.1	100.9	73.4	5 648.1
山　西	845.7	544.2	186.7	59.2	55.6	2 474.5
内蒙古	450.0	354.3	52.1	18.6	24.9	1 475.4
辽　宁	690.6	547.0	65.4	27.1	51.2	2 221.7
吉　林	403.5	355.7	25.5	8.6	13.8	1 471.0
黑龙江	518.5	433.0	48.1	18.7	18.8	1 916.7
上　海	121.8	14.5	19.5	23.7	64.1	325.2
江　苏	1 513.9	597.3	438.0	229.2	249.4	5 094.4
浙　江	1 154.4	346.9	301.3	233.2	273.1	3 765.0
安　徽	1 448.6	834.2	353.6	148.1	112.7	5 521.9
福　建	780.8	452.7	175.4	69.1	83.6	2 917.1
江　西	882.0	556.8	185.1	73.4	66.7	3 582.0
山　东	2 237.1	1 520.2	400.5	150.8	165.6	7 459.1
河　南	2 107.0	1 412.9	393.9	179.8	120.4	8 417.4
湖　北	1 083.3	798.7	143.6	68.4	72.5	4 081.1
湖　南	1 524.7	1 135.4	213.8	87.4	88.0	5 732.1
广　东	1 440.2	871.8	258.4	126.9	183.1	6 044.4
广　西	1 111.9	767.1	206.1	85.0	53.7	4 522.3
海　南	115.8	96.9	11.1	2.8	5.0	526.7
重　庆	719.5	323.2	168.2	117.2	110.9	2 280.5
四　川	2 044.7	1 301.6	387.4	209.3	146.4	6 794.4
贵　州	961.9	736.1	129.2	51.0	45.6	3 727.8
云　南	1 006.8	813.0	95.2	42.1	56.5	3 787.5
陕　西	753.6	513.5	143.6	55.9	40.8	2 820.7
甘　肃	502.5	404.4	58.7	22.1	17.3	2 109.9
青　海	97.4	64.0	17.4	9.0	7.0	399.7
宁　夏	117.5	78.8	19.1	8.5	11.1	453.6
新　疆	269.5	215.3	31.6	13.0	9.7	1 128.6

（续）

地区	汇总劳动力数	从事家庭经营	从事第一产业	外出务工劳动力
全　国	**57 096.9**	**31 468.0**	**21 783.4**	**23 377.2**
北　京	182.8	83.1	36.8	14.9
天　津	205.3	121.3	69.4	50.5
河　北	3 163.7	1 964.6	1 277.9	956.0
山　西	1 347.0	783.5	525.2	415.0
内蒙古	853.8	544.6	482.5	316.0
辽　宁	1 253.9	782.1	550.5	388.2
吉　林	807.3	491.9	394.6	303.1
黑龙江	1 031.8	597.1	476.8	419.3
上　海	198.5	37.8	18.6	75.1
江　苏	2 701.6	1 043.3	591.9	1 350.5
浙　江	2 377.8	1 292.3	558.2	765.0
安　徽	3 280.3	1 559.8	1 107.6	1 695.6
福　建	1 738.2	945.7	576.7	704.0
江　西	1 969.9	1 003.7	696.2	935.1
山　东	4 314.6	2 539.0	1 692.2	1 550.2
河　南	5 184.2	2 891.5	1 910.0	2 185.5
湖　北	2 383.1	1 183.4	800.5	1 073.2
湖　南	3 464.1	1 871.6	1 326.4	1 494.4
广　东	3 350.8	1 839.8	1 150.3	1 288.8
广　西	2 709.0	1 682.7	1 292.3	1 021.3
海　南	276.1	201.0	135.3	62.1
重　庆	1 440.4	624.3	487.2	830.0
四　川	4 140.0	1 987.4	1 560.4	2 181.4
贵　州	2 231.6	1 357.0	922.1	864.7
云　南	2 412.0	1 725.6	1 452.0	661.3
陕　西	1 717.4	902.5	608.5	766.8
甘　肃	1 295.5	761.7	575.0	535.0
青　海	228.7	123.6	100.0	113.7
宁　夏	248.4	131.2	101.9	112.5
新　疆	589.2	395.0	306.5	248.2

（续）

地区	常年外出务工劳动力	乡外县内	县外省内	省外
全 国	19 076.2	6 279.0	5 605.8	7 191.4
北 京	13.6	8.7	4.6	0.3
天 津	37.3	28.5	6.9	1.9
河 北	698.0	362.2	199.5	136.3
山 西	329.1	192.0	95.1	42.0
内 蒙 古	265.1	116.1	95.7	53.3
辽 宁	292.5	144.4	112.0	36.2
吉 林	236.5	92.3	86.8	57.4
黑 龙 江	323.4	111.1	113.6	98.7
上 海	54.2	36.0	16.1	2.1
江 苏	1 049.9	447.5	392.8	209.7
浙 江	630.1	295.9	192.0	142.2
安 徽	1 398.2	283.9	316.0	798.3
福 建	591.3	215.3	212.2	163.8
江 西	811.7	183.8	148.3	479.6
山 东	1 151.0	613.1	350.8	187.1
河 南	1 712.5	466.5	489.9	756.0
湖 北	979.4	200.9	255.1	523.4
湖 南	1 251.1	310.7	288.7	651.7
广 东	1 022.9	392.4	552.7	77.8
广 西	839.6	170.7	184.9	484.1
海 南	48.1	21.4	18.0	8.7
重 庆	726.2	176.8	188.1	361.3
四 川	1 932.5	448.2	517.3	967.0
贵 州	751.1	195.5	151.9	403.7
云 南	549.8	201.0	186.6	162.2
陕 西	627.2	252.6	190.3	184.3
甘 肃	414.1	131.4	127.1	155.6
青 海	92.7	42.5	30.1	20.1
宁 夏	83.6	41.0	26.6	15.9
新 疆	163.6	96.9	56.0	10.8

（续）

地区	集体所有的农用地总面积	耕地	归村所有的面积	归组所有的面积
全 国	**637 561.0**	**145 432.6**	**57 853.5**	**76 102.0**
北 京	1 319.6	304.5	234.9	8.8
天 津	656.6	530.8	473.7	9.9
河 北	16 187.5	8 965.2	5 138.4	3 178.5
山 西	9 558.2	5 081.4	4 219.9	861.5
内 蒙 古	138 196.9	11 125.3	8 553.0	2 214.4
辽 宁	13 535.6	5 318.3	1 001.7	3 864.0
吉 林	12 431.0	7 686.0	1 938.6	5 293.4
黑 龙 江	17 968.1	14 175.3	7 179.6	5 986.5
上 海	268.4	258.4	21.1	237.3
江 苏	6 810.8	5 352.0	683.4	4 300.9
浙 江	11 078.3	2 034.0	1 004.5	922.8
安 徽	12 655.4	6 303.7	1 534.6	4 545.6
福 建	14 148.5	1 589.9	339.9	1 052.8
江 西	18 047.7	3 569.6	308.1	2 705.3
山 东	11 711.4	9 492.0	7 266.4	1 738.6
河 南	15 028.9	9 948.2	1 664.3	7 604.2
湖 北	16 066.9	4 934.8	3 625.6	1 309.2
湖 南	24 124.2	5 190.0	1 335.6	3 285.7
广 东	17 875.0	3 005.6	386.0	2 556.2
广 西	25 064.0	4 260.5	167.0	3 523.4
海 南	1 640.2	552.3	103.5	258.8
重 庆	10 236.1	3 521.8	45.9	3 447.4
四 川	46 766.3	6 159.1	341.0	5 579.1
贵 州	17 387.1	4 488.4	2 383.4	618.8
云 南	37 876.4	4 798.1	67.5	4 561.7
陕 西	15 852.5	4 868.3	570.3	3 087.7
甘 肃	28 327.5	5 255.4	2 102.2	2 366.0
青 海	63 224.3	746.8	533.5	136.8
宁 夏	3 981.9	1 365.0	777.2	312.1
新 疆	29 535.6	4 551.7	3 852.8	534.7

（续）

地区	园地	园地家庭承包经营面积	林地	林地家庭承包经营面积
全　　国	12 000.0	6 072.5	197 277.4	101 397.7
北　　京	120.8	41.9	726.7	81.4
天　　津	16.9	5.1	52.0	12.6
河　　北	370.8	174.1	4 582.2	1 305.8
山　　西	295.0	211.1	2 663.7	977.1
内　蒙古	89.7	55.7	12 378.2	8 733.5
辽　　宁	371.1	175.9	6 362.1	2 889.7
吉　　林	85.5	30.3	2 814.1	1 038.6
黑龙江	40.3	17.3	1 508.4	348.2
上　　海	0.0	0.0	0.0	0.0
江　　苏	193.4	93.8	352.3	118.1
浙　　江	545.1	312.9	8 084.6	4 591.1
安　　徽	400.2	263.5	4 545.2	2 929.0
福　　建	588.7	175.1	10 935.0	4 052.3
江　　西	449.9	250.3	12 701.0	7 607.1
山　　东	508.5	334.3	933.6	284.9
河　　南	280.6	164.0	3 592.9	1 915.4
湖　　北	497.2	216.8	9 243.2	5 863.1
湖　　南	702.8	374.2	15 764.6	9 505.9
广　　东	897.2	374.4	12 107.0	5 311.3
广　　西	939.6	411.6	16 561.9	8 649.3
海　　南	225.9	61.8	629.4	240.3
重　　庆	391.4	208.3	5 281.7	3 496.7
四　　川	1 112.3	532.0	17 145.0	6 373.3
贵　　州	399.1	150.5	8 565.7	4 582.4
云　　南	907.7	438.4	22 810.9	12 059.1
陕　　西	795.1	487.8	8 257.2	4 541.5
甘　　肃	386.9	274.7	4 494.1	1 717.0
青　　海	7.0	4.6	3 070.7	1 627.2
宁　　夏	41.0	26.9	701.8	381.4
新　　疆	340.3	205.0	412.4	164.4

（续）

地区	草地	草地家庭承包经营面积	养殖水面	养殖水面家庭承包经营面积	其他
全　国	241 942.8	176 765.3	7 431.2	2 857.3	33 476.9
北　京	24.8	2.5	8.2	1.6	134.6
天　津	0.7	0.2	40.5	19.6	15.8
河　北	1 220.9	210.5	74.3	21.7	974.0
山　西	792.7	44.2	12.1	1.2	713.3
内蒙古	107 151.8	89 167.4	155.8	60.0	7 296.2
辽　宁	421.2	123.1	238.8	76.9	824.1
吉　林	1 016.5	244.5	153.3	37.6	675.6
黑龙江	1 430.4	514.6	308.7	115.2	505.0
上　海	0.0	0.0	4.8	2.1	5.2
江　苏	7.7	1.3	581.9	252.1	323.4
浙　江	0.0	0.0	193.2	81.1	221.4
安　徽	15.0	2.1	695.0	275.5	696.3
福　建	65.3	9.2	256.9	66.4	712.7
江　西	79.6	8.8	422.6	196.6	825.0
山　东	30.3	2.9	303.0	99.5	444.0
河　南	101.4	31.6	235.8	128.4	870.0
湖　北	49.1	15.8	596.3	232.9	746.3
湖　南	310.7	93.6	750.7	348.6	1 405.4
广　东	33.5	5.1	701.4	347.4	1 130.3
广　西	521.4	33.3	412.9	105.3	2 367.7
海　南	11.4	1.2	49.1	14.8	172.1
重　庆	333.1	140.7	145.9	74.8	562.3
四　川	19 739.4	9 277.5	537.5	208.0	2 073.0
贵　州	1 539.5	368.4	218.3	25.9	2 176.2
云　南	6 026.5	3 942.1	182.1	36.6	3 151.1
陕　西	976.9	389.9	40.3	12.9	914.6
甘　肃	15 903.6	10 693.5	48.8	3.3	2 238.7
青　海	58 962.6	49 503.6	1.9	0.1	435.3
宁　夏	1 543.0	370.9	24.5	8.2	306.6
新　疆	23 633.9	11 566.9	36.5	3.1	560.8

（续）

地区	经营耕地10亩以下的农户数	其中未经营耕地的农户数	经营耕地10～30亩的农户数	经营耕地30～50亩的农户数
全　国	**22 931.7**	**1 656.6**	**2 760.6**	**695.4**
北　京	142.0	88.6	3.2	0.3
天　津	121.7	25.1	7.9	0.8
河　北	1 331.8	25.6	192.1	26.8
山　西	669.0	61.0	121.1	45.3
内蒙古	167.8	39.1	158.4	76.0
辽　宁	513.2	56.0	148.6	23.1
吉　林	152.0	15.4	164.3	61.4
黑龙江	130.2	29.9	181.9	108.3
上　海	120.5	87.5	0.7	0.1
江　苏	1 399.0	160.2	87.7	16.1
浙　江	1 138.0	144.8	10.2	2.5
安　徽	1 146.7	119.6	231.6	44.6
福　建	753.0	56.4	23.4	3.4
江　西	784.0	69.3	76.1	15.3
山　东	2 052.2	158.4	160.2	18.6
河　南	1 827.1	31.8	222.1	40.6
湖　北	954.3	65.5	96.5	24.1
湖　南	1 409.6	44.2	92.7	16.7
广　东	1 358.3	142.7	66.5	8.7
广　西	1 010.4	23.5	79.9	16.8
海　南	104.6	2.8	8.8	1.9
重　庆	679.9	56.9	31.2	5.6
四　川	1 933.2	59.2	84.5	19.9
贵　州	882.7	14.2	60.3	14.9
云　南	909.1	29.1	76.5	17.0
陕　西	631.4	16.7	99.4	16.4
甘　肃	337.5	9.1	139.0	21.0
青　海	70.7	9.7	23.5	2.4
宁　夏	67.1	4.5	37.8	9.5
新　疆	134.4	9.7	74.5	37.3

（续）

地区	经营耕地 50～100亩的 农户数	经营耕地 100～200亩的 农户数	经营耕地 200亩以上的 农户数
全　国	**242.3**	**79.8**	**34.5**
北　京	0.2	0.1	0.0
天　津	0.2	0.1	0.1
河　北	8.9	3.5	1.6
山　西	8.4	1.5	0.4
内蒙古	36.8	9.0	2.0
辽　宁	4.4	0.9	0.4
吉　林	19.9	4.7	1.3
黑龙江	61.6	25.4	11.0
上　海	0.2	0.2	0.0
江　苏	6.5	3.4	1.2
浙　江	1.9	1.1	0.7
安　徽	15.6	6.2	3.9
福　建	0.7	0.2	0.1
江　西	4.5	1.6	0.5
山　东	3.9	1.4	0.8
河　南	11.3	3.9	2.0
湖　北	5.3	2.5	0.6
湖　南	3.8	1.3	0.6
广　东	4.4	0.9	1.3
广　西	3.7	0.8	0.3
海　南	0.4	0.1	0.1
重　庆	1.6	0.7	0.5
四　川	4.7	1.5	0.9
贵　州	3.0	0.8	0.3
云　南	3.3	0.7	0.2
陕　西	5.2	1.1	0.2
甘　肃	3.2	0.5	1.3
青　海	0.4	0.2	0.2
宁　夏	2.8	0.2	0.1
新　疆	15.8	5.3	2.2

表2　全国农村土地承包经营及管理情况统计总表

单位：亩、户、份、个、人、件

指标名称	数量	比上年增长%
一、耕地承包情况		
（一）家庭承包经营的耕地面积	1 342 367 812	1.0
（二）家庭承包经营的农户数	230 573 741	0.2
（三）家庭承包合同份数	221 265 108	0.1
（四）颁发土地承包经营权证份数	206 005 749	0.01
其中：以其他方式承包颁发的	795 921	4.3
（五）机动地面积	29 214 288	10.5
二、家庭承包耕地流转情况		
（一）家庭承包耕地流转总面积	446 833 652	10.8
1. 转包	210 159 120	11.9
2. 转让	12 475 583	4.4
3. 互换	24 072 454	2.3
4. 出租	153 271 274	14.6
其中：出租给本乡镇以外人口或单位的	17 904 457	9.6
5. 股份合作	27 169 167	0.2
其中：耕地入股合作社的面积	15 598 691	−2.8
6. 其他形式	19 686 054	2.4
（二）家庭承包耕地流转去向		
1. 流转入农户的面积	262 062 341	11.3
2. 流转入专业合作社的面积	97 369 101	10.2

（续）

指标名称	数量	比上年增长%
3. 流转入企业的面积	42 322 082	9.0
4. 流转入其他主体的面积	45 080 130	10.7
（三）流转用于种植粮食作物的面积	253 314 367	10.6
（四）流转出承包耕地的农户数	63 295 302	8.5
（五）签订耕地流转合同份数	46 699 073	10.3
（六）签订流转合同的耕地流转面积	302 771 796	12.5
三、仲裁机构队伍情况		
（一）仲裁委员会数	2 434	0.04
其中：县级仲裁委员会数	2 331	0.8
（二）仲裁委员会人员数	39 258	5.5
其中：农民委员人数	7 619	1.7
（三）聘任仲裁员数	36 920	15.5
（四）仲裁委员会日常工作机构人数	13 063	3.5
其中：专职人员数	5 676	4.0
四、土地承包经营纠纷调处情况		
（一）受理土地承包及流转纠纷总量	336 402	32.7
1. 土地承包纠纷数	212 307	43.0
（1）家庭承包	201 587	46.5
其中：涉及妇女承包权益的	11 676	14.5
（2）其他方式承包	10 720	−0.5
2. 土地流转纠纷数	109 717	19.7

（续）

指标名称	数量	比上年增长%
（1）农户之间	86 897	19.8
（2）农户与村组集体之间	13 456	32.0
（3）农户与其他主体之间	9 364	4.7
3. 其他纠纷数	14 378	6.4
（二）调处纠纷总数	303 272	34.2
其中：涉及妇女承包权益的	10 361	12.9
1. 调解纠纷数	280 075	36.1
（1）乡镇调解数	120 157	26.4
（2）村民委员会调解数	159 918	44.4
2. 仲裁纠纷数	23 197	15.0
（1）和解或调解数	18 630	18.5
（2）仲裁裁决数	4 567	2.5
五、附报：		
1. 当年征收征用集体土地面积	2 989 237	−24.9
其中：涉及农户承包耕地面积	2 037 809	−27.0
（1）涉及农户数	1 523 615	−17.6
（2）涉及人口数	6 379 176	−12.9
2. 当年获得土地补偿费总额（万元）	11 225 086.9	−23.4
（1）留作集体公积公益金的（万元）	1 997 538.3	−21.9
（2）分配给农户的（万元）	9 227 548.6	−23.7
其中：分配给被征收征用农户的（万元）	7 587 724.0	−20.3

表 2－1　各地区农村土地承包经营及管理情况统计表

地区	家庭承包经营的耕地面积	家庭承包经营的农户数	家庭承包合同份数	颁发土地承包经营权证份数	以其他方式承包颁发的	机动地面积
全　国	1 342 367 812	230 573 741	221 265 108	206 005 749	795 921	29 214 288
北　京	4 309 150	977 690	1 167 578	929 857	11 165	28 835
天　津	4 863 143	916 017	728 161	592 402	12 113	244 702
河　北	84 315 743	13 858 593	12 876 798	11 459 442	47 784	1 034 025
山　西	48 719 032	6 132 895	5 794 183	5 113 933	36 040	814 500
内蒙古	98 070 748	3 661 090	3 534 393	3 265 929	1 477	1 088 790
辽　宁	50 824 252	5 930 003	5 815 083	5 547 472	11 897	692 527
吉　林	63 730 443	3 721 228	3 658 106	2 577 479	9 459	2 423 921
黑龙江	129 310 063	4 803 277	4 617 346	3 902 344	16 187	7 125 840
上　海	1 759 590	602 537	602 253	601 587	0	132 008
江　苏	51 257 982	12 704 203	12 451 335	12 084 629	83 852	402 149
浙　江	18 924 134	9 067 176	8 775 151	8 602 165	14 474	234 216
安　徽	63 491 108	12 944 343	12 490 004	12 028 586	24 924	174 706
福　建	15 015 531	5 824 853	5 529 704	5 303 140	24 304	41 025
江　西	36 258 163	7 715 180	7 616 100	7 266 624	24 487	287 819
山　东	93 805 255	19 547 185	18 756 233	17 040 979	30 568	1 227 461
河　南	97 675 880	19 857 831	18 501 663	16 912 826	99 806	282 362
湖　北	45 023 408	9 601 965	9 476 873	9 347 730	60 540	904 962
湖　南	50 130 534	14 019 403	13 833 432	13 054 901	74 957	156 399
广　东	28 884 583	11 035 912	10 286 381	9 479 846	15 044	459 681
广　西	36 020 984	9 524 042	8 638 883	7 169 907	33 618	219 092
海　南	5 842 962	1 047 942	1 036 127	995 716	6 982	44 469
重　庆	35 062 390	6 520 195	6 455 463	6 420 048	7 751	112 263
四　川	58 360 257	18 852 084	18 477 883	17 847 644	73 154	183 955
贵　州	31 210 880	7 794 349	7 007 181	6 160 188	21 815	279 372
云　南	41 947 371	8 633 515	8 410 373	8 145 589	14 338	183 654
陕　西	49 618 713	6 875 746	6 552 399	6 142 259	27 833	985 821
甘　肃	48 111 707	4 649 284	4 518 089	4 460 918	3 007	208 342
青　海	7 129 488	730 437	682 250	673 660	7	47 226
宁　夏	11 081 066	853 093	843 509	841 914	484	51 911
新　疆	31 613 252	2 171 673	2 132 174	2 036 035	7 854	9 142 255

（续）

地区	家庭承包耕地流转总面积	转包	转让	互换
全　国	446 833 652	210 159 120	12 475 583	24 072 454
北　京	2 449 714	145 254	37 062	3 882
天　津	1 594 174	572 469	118 455	9 597
河　北	23 242 064	12 007 552	645 199	1 550 333
山　西	7 899 696	4 304 944	115 417	942 399
内蒙古	31 871 200	17 763 293	1 923 626	1 079 332
辽　宁	16 105 959	10 217 714	398 673	525 825
吉　林	16 468 956	13 506 936	428 583	134 573
黑龙江	68 973 082	51 355 073	1 077 109	293 118
上　海	1 296 818	391 174	4 357	0
江　苏	30 948 162	10 629 962	725 473	825 330
浙　江	9 549 996	3 979 866	117 848	73 246
安　徽	29 941 101	8 412 491	259 295	1 170 122
福　建	4 494 382	1 307 971	177 671	184 267
江　西	10 710 566	3 715 353	310 865	326 284
山　东	24 717 719	11 660 071	526 831	1 946 719
河　南	38 870 571	16 297 082	716 620	7 458 647
湖　北	16 634 549	7 630 813	911 080	915 664
湖　南	18 614 699	8 046 563	839 281	873 488
广　东	8 341 572	1 750 707	252 930	344 383
广　西	6 687 511	1 315 535	113 172	534 476
海　南	273 795	91 694	11 027	3 356
重　庆	14 535 334	4 658 117	626 288	713 205
四　川	16 198 882	5 501 423	606 170	464 439
贵　州	8 770 080	2 045 000	554 331	311 430
云　南	7 495 034	1 555 566	310 113	448 667
陕　西	8 880 306	4 425 624	55 882	944 234
甘　肃	11 231 168	2 371 652	421 553	1 343 821
青　海	1 537 807	381 245	14 408	27 006
宁　夏	2 827 676	513 952	80 678	93 471
新　疆	5 671 079	3 604 024	95 586	531 140

（续）

地区	出租	出租给本乡镇以外人口或单位的	股份合作	耕地入股合作社的面积	其他形式
全　国	**153 271 274**	**17 904 457**	**27 169 167**	**15 598 691**	**19 686 054**
北　京	416 107	229 708	5 929	4 312	1 841 480
天　津	481 305	31 767	198 467	148 870	213 881
河　北	7 473 740	440 873	866 141	261 726	699 099
山　西	2 065 839	121 684	125 718	13 934	345 379
内蒙古	10 281 400	1 009 582	538 461	198 962	285 088
辽　宁	3 264 276	473 602	252 339	132 885	1 447 132
吉　林	1 708 251	44 381	211 473	178 903	479 140
黑龙江	7 201 773	21 026	8 680 172	5 980 883	365 837
上　海	860 597	159 699	0	0	40 690
江　苏	12 009 734	1 394 750	5 854 444	3 171 200	903 219
浙　江	4 642 664	742 826	291 521	189 488	444 851
安　徽	16 801 757	2 555 091	428 591	249 405	2 868 845
福　建	2 453 149	137 795	62 120	38 484	309 204
江　西	5 595 897	927 443	240 111	145 206	522 056
山　东	8 837 064	1 244 942	946 840	495 743	800 194
河　南	12 638 002	1 147 620	470 787	143 639	1 289 433
湖　北	5 594 274	632 378	732 242	576 082	850 476
湖　南	7 202 763	452 823	782 826	214 083	869 778
广　东	3 451 612	513 691	2 283 496	1 251 809	258 445
广　西	4 113 309	516 096	74 362	14 306	536 657
海　南	155 875	1 512	2 706	0	9 137
重　庆	6 142 521	1 380 185	1 376 907	938 067	1 018 296
四　川	7 699 756	1 471 898	1 004 669	574 807	922 425
贵　州	4 510 605	335 706	815 674	69 984	533 040
云　南	4 472 744	792 576	185 785	107 409	522 159
陕　西	2 838 522	273 656	152 128	67 054	463 916
甘　肃	6 243 347	578 436	134 368	49 562	716 427
青　海	972 767	36 121	104 236	59 638	38 144
宁　夏	2 112 337	51 349	16 225	0	11 013
新　疆	1 029 287	185 241	330 429	322 250	80 613

（续）

地区	流转入农户的面积	流转入专业合作社的面积	流转入企业的面积	流转入其他主体的面积
全　国	**262 062 341**	**97 369 101**	**42 322 082**	**45 080 130**
北　京	570 739	116 974	481 796	1 280 205
天　津	764 665	373 312	93 613	362 584
河　北	11 911 905	6 355 705	2 236 045	2 738 409
山　西	5 514 210	1 337 669	640 909	406 908
内蒙古	22 986 358	3 651 383	2 976 671	2 256 788
辽　宁	11 248 036	2 027 604	1 366 164	1 464 156
吉　林	12 345 179	2 832 205	208 327	1 083 244
黑龙江	47 044 578	19 128 905	612 873	2 186 726
上　海	563 086	382 682	145 659	205 391
江　苏	14 037 387	8 816 790	2 860 111	5 233 874
浙　江	5 972 715	1 816 158	714 235	1 046 888
安　徽	16 764 349	7 975 050	2 976 486	2 225 216
福　建	3 010 636	673 629	349 946	460 171
江　西	6 418 270	1 873 382	897 964	1 520 950
山　东	12 704 407	5 912 372	3 512 771	2 588 169
河　南	22 764 417	8 971 042	4 014 136	3 120 976
湖　北	9 021 439	3 430 112	2 204 445	1 978 553
湖　南	11 357 428	4 574 750	1 401 333	1 281 188
广　东	5 249 249	698 351	807 770	1 586 203
广　西	3 721 921	866 495	660 181	1 438 914
海　南	155 443	33 237	38 859	46 256
重　庆	6 793 392	2 719 566	3 042 257	1 980 119
四　川	8 002 353	3 151 774	2 822 380	2 222 375
贵　州	2 931 842	2 385 860	1 815 866	1 636 514
云　南	3 596 851	659 833	1 336 705	1 901 645
陕　西	5 230 831	1 467 377	1 314 496	867 602
甘　肃	5 482 485	2 845 819	1 553 705	1 349 159
青　海	631 546	640 567	142 470	123 224
宁　夏	1 091 473	661 990	891 258	182 954
新　疆	4 175 151	988 508	202 651	304 769

（续）

地 区	流转用于种植粮食作物的面积	流转出承包耕地的农户数	签订耕地流转合同份数	签订流转合同的耕地流转面积
全 国	253 314 367	63 295 302	46 699 073	302 771 796
北 京	323 609	525 657	589 698	1 752 953
天 津	843 360	316 631	128 640	808 229
河 北	13 906 426	2 800 429	2 566 161	18 040 956
山 西	3 902 635	858 044	571 468	3 349 731
内蒙古	22 644 594	853 596	537 332	19 561 888
辽 宁	9 071 263	1 345 525	990 439	7 997 557
吉 林	12 836 195	710 514	598 131	12 099 425
黑龙江	61 321 369	1 828 814	1 667 047	53 850 901
上 海	622 329	481 278	15 170	1 296 818
江 苏	14 259 504	6 122 496	5 421 674	23 596 340
浙 江	4 482 044	4 371 005	2 447 574	7 184 740
安 徽	20 164 340	5 024 272	3 391 281	19 735 894
福 建	1 623 611	1 176 987	574 161	1 865 939
江 西	6 071 059	1 819 171	1 219 278	6 140 500
山 东	9 696 795	4 946 008	3 865 647	16 392 104
河 南	24 307 692	6 472 989	5 144 314	27 435 092
湖 北	9 198 295	2 940 698	2 081 693	11 162 870
湖 南	10 239 963	3 799 923	2 870 981	10 740 989
广 东	1 748 452	1 937 839	1 226 293	4 592 171
广 西	1 492 081	1 465 464	854 243	3 251 470
海 南	45 395	43 258	19 958	60 606
重 庆	5 364 468	2 653 694	1 818 677	10 263 574
四 川	5 219 496	4 390 693	2 715 370	10 525 006
贵 州	1 549 742	1 693 095	1 417 034	5 084 049
云 南	1 779 700	1 364 040	1 400 727	5 251 313
陕 西	2 223 954	1 011 669	718 380	4 330 249
甘 肃	3 947 016	1 574 674	1 161 950	8 413 311
青 海	739 373	233 740	219 935	1 374 012
宁 夏	1 424 510	337 496	294 895	2 425 252
新 疆	2 265 097	195 603	170 922	4 187 857

（续）

地区	仲裁委员会数	县级仲裁委员会数	仲裁委员会人员数	农民委员人数	聘任仲裁员数	仲裁委员会日常工作机构人数	专职人员数
全　国	2 434	2 331	39 258	7 619	36 920	13 063	5 676
北　京	13	13	252	53	332	74	3
天　津	8	8	111	12	188	47	0
河　北	149	148	2 294	665	1 299	765	338
山　西	115	114	1 175	178	1 227	355	238
内蒙古	73	73	1 636	417	1 208	394	251
辽　宁	85	81	1 653	277	1 860	417	194
吉　林	60	58	685	104	987	291	167
黑龙江	85	81	1 528	291	1 766	492	164
上　海	9	9	106	17	183	46	13
江　苏	72	68	779	163	668	280	105
浙　江	79	76	1 010	104	722	169	69
安　徽	98	92	1 316	256	1 137	324	127
福　建	79	79	1 238	202	1 493	407	113
江　西	103	94	1 666	421	1 747	573	311
山　东	120	119	2 124	352	2 277	728	390
河　南	148	146	2 754	529	3 379	1 031	603
湖　北	93	93	1 469	267	1 361	457	270
湖　南	113	96	1 638	446	1 281	603	336
广　东	109	109	1 316	269	966	511	109
广　西	103	90	1 508	195	2 063	646	247
海　南	21	11	208	111	44	52	10
重　庆	37	37	555	101	1 127	228	83
四　川	168	168	3 181	733	2 848	926	316
贵　州	48	30	1 662	260	658	345	204
云　南	128	127	2 338	322	1 794	786	169
陕　西	100	97	1 582	290	792	712	296
甘　肃	86	86	1 467	303	1 787	707	316
青　海	29	28	510	79	481	206	0
宁　夏	21	18	345	72	509	117	47
新　疆	82	82	1 152	130	736	374	187

（续）

地 区	受理土地承包及流转纠纷总量	土地承包纠纷数	家庭承包	家庭承包涉及妇女承包权益的	其他方式承包
全 国	**336 402**	**212 307**	**201 587**	**11 676**	**10 720**
北 京	949	609	449	18	160
天 津	232	182	53	2	129
河 北	9 610	7 385	7 159	334	226
山 西	15 874	9 601	9 299	199	302
内 蒙 古	4 354	2 853	2 595	288	258
辽 宁	16 038	11 498	10 817	883	681
吉 林	8 644	5 797	5 547	404	250
黑 龙 江	5 511	2 972	2 628	70	344
上 海	450	202	202	22	0
江 苏	20 026	10 972	10 287	703	685
浙 江	1 913	1 032	953	130	79
安 徽	16 591	9 394	8 942	623	452
福 建	319	221	211	7	10
江 西	9 075	5 663	5 482	208	181
山 东	3 239	2 321	2 182	176	139
河 南	5 958	3 739	3 453	216	286
湖 北	38 058	29 400	28 667	648	733
湖 南	21 804	12 506	11 649	1 649	857
广 东	3 387	2 004	1 631	109	373
广 西	5 595	3 767	3 402	333	365
海 南	1 964	1 674	1 561	18	113
重 庆	15 004	7 844	7 507	495	337
四 川	58 617	29 295	27 906	1 987	1 389
贵 州	8 727	4 972	4 293	519	679
云 南	31 110	24 077	23 172	758	905
陕 西	18 292	12 814	12 354	349	460
甘 肃	9 701	5 790	5 548	295	242
青 海	793	441	435	62	6
宁 夏	2 011	1 538	1 522	4	16
新 疆	2 556	1 744	1 681	167	63

（续）

地区	土地流转纠纷数	农户之间	农户与村组集体之间	农户与其他主体之间	其他纠纷数
全　国	109 717	86 897	13 456	9 364	14 378
北　京	234	54	162	18	106
天　津	50	36	1	13	0
河　北	2 008	1 451	385	172	217
山　西	5 850	4 842	623	385	423
内蒙古	1 263	1 030	176	57	238
辽　宁	3 387	2 744	545	98	1 153
吉　林	2 564	2 164	310	90	283
黑龙江	2 310	2 047	229	34	229
上　海	207	104	87	16	41
江　苏	8 186	6 255	1 296	635	868
浙　江	702	287	301	114	179
安　徽	6 654	4 836	1 297	521	543
福　建	80	59	1	20	18
江　西	3 042	2 448	272	322	370
山　东	830	610	161	59	88
河　南	1 982	1 494	233	255	237
湖　北	7 874	6 014	1 531	329	784
湖　南	8 407	5 876	1 446	1 085	891
广　东	1 038	718	225	95	345
广　西	1 122	838	117	167	706
海　南	194	140	33	21	96
重　庆	5 836	3 346	993	1 497	1 324
四　川	28 748	26 372	916	1 460	574
贵　州	3 142	2 241	405	496	613
云　南	5 034	3 926	329	779	1 999
陕　西	4 085	2 875	859	351	1 393
甘　肃	3 388	2 813	354	221	523
青　海	348	288	49	11	4
宁　夏	469	438	13	18	4
新　疆	683	551	107	25	129

（续）

地区	调处纠纷总数	调处纠纷涉及妇女承包权益的	调解纠纷数	乡镇调解数
全　国	303 272	10 361	280 075	120 157
北　京	935	18	820	781
天　津	232	2	227	195
河　北	8 875	299	7 529	4 577
山　西	14 817	184	13 357	2 633
内蒙古	4 292	195	2 989	1 458
辽　宁	13 920	549	10 742	6 205
吉　林	7 692	270	5 752	3 973
黑龙江	5 120	92	3 994	2 167
上　海	450	22	432	314
江　苏	19 560	628	18 620	6 664
浙　江	1 608	129	1 468	761
安　徽	14 142	687	13 216	5 585
福　建	293	6	267	126
江　西	8 377	168	8 127	3 326
山　东	3 158	172	2 370	1 387
河　南	5 357	132	4 650	2 080
湖　北	32 726	644	31 235	9 937
湖　南	15 614	1 303	14 656	5 763
广　东	3 000	92	2 963	1 614
广　西	4 868	335	4 634	2 627
海　南	1 681	46	1 572	966
重　庆	13 568	520	12 628	4 634
四　川	57 136	1 741	55 772	31 064
贵　州	7 360	499	6 858	3 452
云　南	27 859	769	27 484	4 835
陕　西	16 339	317	15 585	6 175
甘　肃	9 308	304	8 076	3 939
青　海	793	38	573	317
宁　夏	2 011	4	1 872	1 394
新　疆	2 181	196	1 607	1 208

（续）

地区	村民委员会调解数	仲裁纠纷数	和解或调解数	仲裁裁决数
全 国	**159 918**	**23 197**	**18 630**	**4 567**
北 京	39	115	85	30
天 津	32	5	2	3
河 北	2 952	1 346	1 152	194
山 西	10 724	1 460	1 276	184
内蒙古	1 531	1 303	914	389
辽 宁	4 537	3 178	2 237	941
吉 林	1 779	1 940	1 302	638
黑龙江	1 827	1 126	665	461
上 海	118	18	8	10
江 苏	11 956	940	847	93
浙 江	707	140	73	67
安 徽	7 631	926	806	120
福 建	141	26	25	1
江 西	4 801	250	221	29
山 东	983	788	685	103
河 南	2 570	707	663	44
湖 北	21 298	1 491	1 388	103
湖 南	8 893	958	858	100
广 东	1 349	37	28	9
广 西	2 007	234	160	74
海 南	606	109	39	70
重 庆	7 994	940	826	114
四 川	24 708	1 364	1 233	131
贵 州	3 406	502	308	194
云 南	22 649	375	310	65
陕 西	9 410	754	675	79
甘 肃	4 137	1 232	1 016	216
青 海	256	220	200	20
宁 夏	478	139	139	0
新 疆	399	574	489	85

（续）

地区	当年征收征用集体土地面积	涉及农户承包耕地面积	涉及农户数	涉及人口数
全　　国	**2 989 237**	**2 037 809**	**1 523 615**	**6 379 176**
北　　京	9 283	4 464	3 851	10 687
天　　津	17 789	16 312	2 901	10 381
河　　北	125 619	106 922	72 160	323 883
山　　西	41 207	32 462	19 879	62 179
内　蒙　古	54 787	25 729	8 754	22 838
辽　　宁	96 719	78 506	33 537	98 950
吉　　林	53 797	39 269	21 680	76 294
黑　龙　江	57 171	45 175	21 958	99 103
上　　海	14 931	9 123	4 783	8 839
江　　苏	143 650	114 818	127 122	632 492
浙　　江	135 489	104 617	114 231	346 605
安　　徽	126 158	94 128	63 808	203 030
福　　建	96 967	63 450	98 081	342 345
江　　西	87 004	58 559	37 192	154 140
山　　东	177 217	127 005	86 310	273 838
河　　南	154 828	137 165	50 392	225 484
湖　　北	112 231	84 463	53 469	177 822
湖　　南	209 090	98 553	103 311	737 969
广　　东	97 918	41 526	69 842	285 339
广　　西	136 662	89 516	83 512	559 502
海　　南	21 450	7 728	11 521	52 025
重　　庆	147 987	106 650	63 116	155 006
四　　川	148 202	99 183	82 404	263 573
贵　　州	319 239	181 177	111 555	535 445
云　　南	116 472	80 276	66 359	232 197
陕　　西	111 247	94 140	58 695	283 592
甘　　肃	66 962	46 633	33 033	128 222
青　　海	12 167	5 245	8 916	36 713
宁　　夏	60 282	25 769	6 829	24 867
新　　疆	36 712	19 246	4 414	15 816

（续）

地区	当年获得土地补偿费总额	留作集体土地补偿费总额	分配给农户的	分配给被征收征用农户的
全　国	**11 225 086.9**	**1 997 538.3**	**9 227 548.6**	**7 587 724.0**
北　京	21 004.6	12 510.5	8 494.1	4 377.7
天　津	36 744.2	2 678.2	34 066.0	33 371.3
河　北	764 507.7	315 590.0	448 917.7	383 177.6
山　西	173 537.8	37 919.6	135 618.2	91 030.6
内蒙古	183 246.8	43 854.3	139 392.4	93 704.7
辽　宁	278 753.1	29 291.5	249 461.6	188 546.8
吉　林	164 126.1	33 011.7	131 114.3	107 911.9
黑龙江	211 495.8	62 442.2	149 053.6	127 974.6
上　海	59 937.0	45 949.5	13 987.4	4 524.6
江　苏	308 909.7	65 929.4	242 980.3	195 962.2
浙　江	1 610 882.1	281 607.5	1 329 274.6	1 241 785.8
安　徽	430 209.4	38 201.3	392 008.1	362 380.6
福　建	402 592.6	51 197.3	351 395.3	285 873.2
江　西	204 133.4	60 275.2	143 858.2	110 982.8
山　东	579 292.8	190 274.4	389 018.4	290 889.0
河　南	272 371.6	28 079.0	244 292.7	162 992.1
湖　北	360 549.7	63 209.4	297 340.3	273 231.5
湖　南	675 952.2	59 579.2	616 373.0	535 948.9
广　东	626 667.9	259 575.4	367 092.4	247 675.3
广　西	487 913.1	34 419.5	453 493.6	393 696.9
海　南	124 260.3	31 301.9	92 958.4	23 310.8
重　庆	715 214.7	64 462.1	650 752.6	564 750.7
四　川	548 877.1	33 444.4	515 432.7	275 566.7
贵　州	706 723.3	38 679.9	668 043.3	638 218.7
云　南	473 400.3	58 790.6	414 609.7	377 547.7
陕　西	289 045.3	19 797.0	269 248.3	204 738.7
甘　肃	240 706.5	15 063.4	225 643.1	159 936.4
青　海	29 868.2	400.5	29 467.7	28 377.5
宁　夏	76 664.2	770.5	75 893.4	75 869.5
新　疆	167 499.7	19 232.5	148 267.2	103 369.4

表3 农业部门认定家庭农场情况统计总表

单位：个、亩、万元

指标名称	数量	占总比 %	比上年增长%
一、家庭农场基本情况			
（一）家庭农场数量	342 626	100.0	97.6
其中：被县级以上农业部门认定为示范性家庭农场	39 154	11.4	420.8
（二）家庭农场经营土地面积	51 914 155	100.0	99.2
1. 耕地	43 108 513	83.0	105.1
其中：（1）家庭承包经营	8 792 931	16.9	73.0
（2）流转经营	31 869 245	61.4	120.2
2. 草地	2 269 127	4.4	4.7
3. 水面	2 347 398	4.5	133.6
4. 其他	4 189 117	8.1	123.2
（三）家庭农场劳动力数量	2 244 566	100.0	106.1
1. 家庭成员劳动力	1 476 712	65.8	96.6
2. 常年雇工劳动力	767 854	34.2	127.3
二、家庭农场行业分布情况			
1. 种植业	212 095	61.9	102.3
其中：粮食产业	143 917	67.9	107.9
（1）经营土地面积50～200亩	90 875	63.1	106.6
（2）经营土地面积200～500亩	40 321	28.0	146.0
（3）经营土地面积500～1 000亩	9 316	6.5	36.3
（4）经营土地面积1 000亩以上	3 405	2.4	70.3
2. 畜牧业	66 005	19.3	58.9

（续）

指标名称	数量	占总比%	比上年增长%
其中：（1）生猪产业	26 947	40.8	109.0
（2）奶业	1 582	2.4	17.7
3. 渔业	20 212	5.9	147.6
4. 种养结合	30 695	9.0	129.2
5. 其他	13 619	3.9	148.3
三、家庭农场经营情况			
（一）年销售农产品总值	12 601 757.1	100.0	173.8
1. 10万元以下	114 131	33.3	52.0
2. 10万～50万元	151 289	44.2	117.0
3. 50万～100万元	52 590	15.3	169.0
4. 100万元以上	24 616	7.2	172.5
（二）购买农业生产投入品总值	5 898 218.0	—	189.4
（三）拥有注册商标的家庭农场数	11 444	3.3	152.0
（四）通过农产品质量认证的家庭农场数	5 273	1.5	156.2
四、扶持家庭农场发展情况			
（一）获得财政扶持资金的家庭农场数	22 710	6.6	320.2
（二）各级财政扶持资金总额	132 016.8	100.0	495.1
其中：1. 省级	55 694.9	42.2	541.9
2. 市级	21 790.3	16.5	363.6
3. 县级及以下	54 531.6	41.3	725.1
（三）获得贷款支持的家庭农场数	20 143	5.9	88.3
其中：1. 20万元及以下	13 122	65.1	175.9
2. 20万～50万元	5 300	26.4	129.8
3. 50万元以上	1 721	8.5	−52.6
（四）获得贷款资金总额	404 769.8	—	231.5

表 3-1 农业部门认定家庭农场情况统计表

地区	家庭农场数量	被县级以上农业部门认定为示范性家庭农场	家庭农场经营土地面积	耕地
全　国	342 626	39 154	51 914 155	43 108 513
北　京	8	8	1 362	1 362
天　津	459	122	71 934	70 605
河　北	10 451	794	1 806 242	1 752 615
山　西	9 345	469	1 129 558	763 588
内蒙古	851	214	263 125	244 178
辽　宁	4 216	947	987 811	924 333
吉　林	13 227	1 191	3 724 725	3 602 212
黑龙江	18 608	162	5 992 224	5 925 431
上　海	3 829	161	478 843	478 684
江　苏	30 190	4 064	7 025 635	6 419 509
浙　江	23 719	1 963	2 284 741	1 628 922
安　徽	35 213	3 671	6 455 523	5 607 582
福　建	5 064	955	423 764	256 771
江　西	28 229	3 267	2 636 910	1 850 258
山　东	26 963	2 308	3 430 029	3 042 460
河　南	3 974	1 804	1 160 868	1 087 498
湖　北	29 039	1 751	2 537 500	1 887 452
湖　南	18 477	5 002	2 310 706	1 801 271
广　东	17 765	1 268	833 743	337 030
广　西	2 426	235	234 039	176 805
海　南	1 761	164	192 668	169 954
重　庆	13 067	1 442	864 492	673 475
四　川	23 317	2 065	1 758 429	1 411 485
贵　州	3 055	838	534 216	428 609
云　南	2 891	672	268 481	188 052
陕　西	7 203	2 312	906 490	834 694
甘　肃	4 690	624	1 410 303	637 170
青　海	2 221	268	1 352 992	182 621
宁　夏	1 791	393	669 568	573 638
新　疆	577	20	167 234	150 249

（续）

地区	家庭承包经营	流转经营	草地	水面
全　国	**8 792 931**	**31 869 245**	**2 269 127**	**2 347 398**
北　京	1 362	0	0	0
天　津	16 526	58 568	14	565
河　北	151 014	1 451 821	2 568	10 173
山　西	294 387	469 201	3 355	873
内蒙古	69 858	166 333	11 960	1 388
辽　宁	104 975	761 713	3 358	8 597
吉　林	1 218 589	1 927 114	9 988	74 582
黑龙江	1 927 073	3 817 869	4 499	21 429
上　海	8 407	470 277	0	109
江　苏	705 828	5 344 611	14 503	498 865
浙　江	190 239	1 348 992	253	135 402
安　徽	451 340	5 127 029	3 489	378 110
福　建	87 958	122 565	5 758	25 429
江　西	462 458	1 387 800	36 556	326 361
山　东	577 532	2 326 807	12 524	54 203
河　南	152 717	900 365	12 616	3 564
湖　北	490 381	1 231 571	40 171	329 211
湖　南	484 938	912 289	33 856	128 443
广　东	105 713	190 795	26 368	110 580
广　西	43 165	114 383	1 676	8 019
海　南	72 983	7 971	944	9 610
重　庆	142 123	524 246	24 913	87 006
四　川	379 171	1 030 882	29 891	83 832
贵　州	184 056	234 469	21 978	6 184
云　南	43 036	129 948	8 262	6 881
陕　西	145 362	663 609	15 500	13 135
甘　肃	175 525	368 860	723 115	988
青　海	25 245	143 836	1 161 756	903
宁　夏	65 712	506 318	45 466	22 411
新　疆	15 258	129 003	13 790	545

（续）

地区	其他	家庭农场劳动力数量	家庭成员劳动力	常年雇工劳动力
全　国	4 189 117	2 244 566	1 476 712	767 854
北　京	0	20	20	0
天　津	750	1 959	1 395	564
河　北	40 886	61 994	40 900	21 094
山　西	361 742	31 385	24 735	6 650
内蒙古	5 599	3 525	2 418	1 107
辽　宁	51 523	19 421	12 030	7 391
吉　林	37 943	68 081	52 132	15 949
黑龙江	40 865	129 398	65 128	64 270
上　海	50	14 831	10 005	4 826
江　苏	92 758	289 177	199 470	89 707
浙　江	520 164	117 016	63 190	53 826
安　徽	466 342	162 049	100 504	61 545
福　建	135 806	26 891	16 444	10 447
江　西	423 735	169 762	117 840	51 922
山　东	320 842	143 083	88 734	54 349
河　南	57 190	58 989	39 191	19 798
湖　北	280 666	140 832	78 422	62 410
湖　南	347 136	221 619	146 232	75 387
广　东	359 765	87 154	60 206	26 948
广　西	47 539	16 177	11 545	4 632
海　南	12 160	55 686	54 354	1 332
重　庆	79 098	67 610	45 928	21 682
四　川	233 221	110 634	73 629	37 005
贵　州	77 445	161 203	110 445	50 758
云　南	65 286	13 745	9 729	4 016
陕　西	43 161	32 973	24 609	8 364
甘　肃	49 030	20 488	13 726	6 762
青　海	7 712	8 425	6 759	1 666
宁　夏	28 053	8 130	5 638	2 492
新　疆	2 650	2 309	1 354	955

（续）

地区	种植业	粮食产业	经营土地面积 50～200亩	经营土地面积 200～500亩
全　国	212 095	143 917	90 875	40 321
北　京	8	8	7	1
天　津	267	198	87	87
河　北	7 315	5 992	4 246	1 398
山　西	5 847	3 846	3 132	560
内蒙古	431	332	107	136
辽　宁	3 512	3 209	1 713	1 190
吉　林	12 051	11 291	6 297	3 396
黑龙江	15 830	14 993	1 769	10 685
上　海	3 648	3 411	3 168	238
江　苏	20 242	15 870	8 897	5 191
浙　江	16 517	4 184	2 920	969
安　徽	24 243	18 302	10 057	5 713
福　建	2 613	520	393	97
江　西	12 659	7 428	5 686	1 303
山　东	22 152	14 325	11 010	2 661
河　南	3 285	2 724	1 642	829
湖　北	13 325	8 725	6 618	1 787
湖　南	10 132	9 271	7 523	1 446
广　东	9 454	7 418	6 767	450
广　西	1 222	396	339	51
海　南	681	289	272	14
重　庆	4 520	1 539	1 225	266
四　川	11 104	4 051	3 405	485
贵　州	1 217	612	473	122
云　南	1 423	486	431	44
陕　西	3 873	2 007	1 396	457
甘　肃	2 573	1 139	770	257
青　海	611	509	309	157
宁　夏	922	738	191	287
新　疆	418	104	25	44

（续）

地区	经营土地面积500～1 000亩	经营土地面积1 000亩以上	畜牧业	生猪产业
全　国	9 316	3 405	66 005	26 947
北　京	0	0	0	0
天　津	16	8	126	69
河　北	255	93	2 408	987
山　西	120	34	3 208	781
内蒙古	45	44	0	0
辽　宁	216	90	135	72
吉　林	1 156	442	594	226
黑龙江	1 887	652	2 292	1 051
上　海	5	0	40	40
江　苏	1 334	448	2 927	1 342
浙　江	235	60	1 654	430
安　徽	1 851	681	5 185	2 371
福　建	23	7	700	293
江　西	337	102	8 329	2 741
山　东	473	181	1 933	698
河　南	188	65	242	140
湖　北	212	108	6 629	2 392
湖　南	229	73	4 111	2 857
广　东	155	46	5 222	2 787
广　西	6	0	403	73
海　南	2	1	498	127
重　庆	36	12	5 835	2 264
四　川	115	46	6 374	2 987
贵　州	12	5	1 249	593
云　南	7	4	931	409
陕　西	122	32	2 236	866
甘　肃	83	29	1 153	216
青　海	30	13	1 002	48
宁　夏	147	113	457	87
新　疆	19	16	132	0

（续）

地区	奶业	渔业	种养结合	其他
全 国	1 582	20 212	30 695	13 619
北 京	0	0	0	0
天 津	6	16	10	40
河 北	210	71	301	356
山 西	100	9	268	13
内蒙古	0	8	402	10
辽 宁	2	42	388	139
吉 林	21	37	369	176
黑龙江	250	139	175	172
上 海	0	59	61	21
江 苏	33	4 032	2 094	895
浙 江	24	1 724	2 334	1 490
安 徽	24	1 537	2 683	1 565
福 建	2	485	790	476
江 西	39	3 217	2 940	1 084
山 东	124	264	1 210	1 404
河 南	13	31	309	107
湖 北	49	3 483	4 036	1 566
湖 南	17	1 137	2 063	1 034
广 东	14	861	1 938	290
广 西	1	99	633	69
海 南	0	187	178	217
重 庆	54	1 158	1 291	263
四 川	119	1 191	3 128	1 520
贵 州	6	178	291	120
云 南	19	79	348	110
陕 西	192	100	795	199
甘 肃	91	20	802	142
青 海	145	9	580	19
宁 夏	27	38	261	113
新 疆	0	1	17	9

（续）

地区	年销售农产品总值	10 万元以下	10 万～50 万元	50 万～100 万元
全 国	12 601 757.1	114 131	151 289	52 590
北 京	653.0	0	0	8
天 津	20 246.4	201	133	84
河 北	276 881.4	5 150	3 409	1 105
山 西	316 261.0	2 215	5 656	859
内 蒙 古	18 560.6	244	521	57
辽 宁	128 515.1	1 419	2 020	497
吉 林	254 005.1	3 894	7 386	1 528
黑 龙 江	466 396.1	4 036	11 630	2 363
上 海	96 262.0	403	3 115	267
江 苏	1 915 037.0	4 359	13 892	7 904
浙 江	1 317 857.7	9 517	8 955	3 051
安 徽	1 734 901.5	7 966	15 791	7 589
福 建	213 549.0	1 622	2 229	735
江 西	1 029 420.8	10 433	12 087	4 113
山 东	878 175.8	9 320	12 667	3 404
河 南	170 893.3	1 441	1 451	654
湖 北	1 093 231.8	10 222	12 613	4 241
湖 南	390 953.5	7 250	7 829	2 484
广 东	512 816.4	8 192	3 548	4 123
广 西	70 091.0	805	1 138	357
海 南	49 728.7	741	737	203
重 庆	480 439.4	3 653	6 438	2 233
四 川	538 974.1	12 184	8 507	1 916
贵 州	68 004.5	1 283	1 220	380
云 南	132 768.1	735	1 490	446
陕 西	161 232.2	2 498	3 569	824
甘 肃	111 885.4	1 985	1 874	689
青 海	18 721.1	1 772	407	33
宁 夏	113 708.2	307	777	403
新 疆	21 586.9	284	200	40

(续)

地区	100 万元以上	购买农业生产投入品总值	拥有注册商标的家庭农场数	通过农产品质量认证的家庭农场数
全　国	24 616	5 898 218.0	11 444	5 273
北　京	0	85.0	0	0
天　津	41	12 507.3	30	14
河　北	787	97 751.2	468	180
山　西	615	139 770.0	24	29
内蒙古	29	8 790.5	19	1
辽　宁	280	67 420.3	167	42
吉　林	419	112 733.9	364	86
黑龙江	579	182 912.5	58	9
上　海	44	37 723.8	11	125
江　苏	4 035	1 052 842.8	1 249	489
浙　江	2 196	643 669.8	2 177	1 518
安　徽	3 867	862 885.3	1 231	367
福　建	478	87 421.7	222	41
江　西	1 596	437 688.2	439	226
山　东	1 572	400 826.5	943	318
河　南	428	97 580.9	179	96
湖　北	1 963	471 954.6	1 221	554
湖　南	914	233 056.2	671	299
广　东	1 902	95 439.3	397	52
广　西	126	34 685.0	18	1
海　南	80	16 514.0	12	1
重　庆	743	225 567.7	448	239
四　川	710	231 155.6	479	229
贵　州	172	61 436.7	246	143
云　南	220	69 148.2	63	7
陕　西	312	53 458.1	203	173
甘　肃	142	76 812.0	28	20
青　海	9	8 093.6	30	1
宁　夏	304	66 636.6	25	13
新　疆	53	11 650.8	22	0

（续）

地区	获得财政扶持资金的家庭农场数	各级财政扶持资金总额	省级	市级	县级及以下
全 国	**22 710**	**132 016.8**	**55 694.9**	**21 790.3**	**54 531.6**
北 京	8	500.0	500.0	0.0	0.0
天 津	24	394.0	355.0	0.0	39.0
河 北	332	1 823.7	580.0	238.9	1 004.8
山 西	97	439.0	0.0	435.0	4.0
内蒙古	3	29.0	0.0	0.0	29.0
辽 宁	242	1 376.6	825.0	546.6	5.0
吉 林	819	1 254.5	729.6	222.7	302.2
黑龙江	3	135.0	125.0	10.0	0.0
上 海	1 923	30 341.0	12 654.0	0.0	17 687.0
江 苏	2 845	16 119.8	9 969.7	2 068.5	4 081.6
浙 江	1 687	13 873.2	3 492.5	2 378.1	8 002.5
安 徽	1 431	6 758.3	2 035.9	1 947.4	2 775.0
福 建	355	2 585.6	1 500.0	495.5	590.1
江 西	3 204	1 547.0	170.0	179.0	1 198.0
山 东	573	4 829.8	3 280.2	1 126.6	423.0
河 南	111	1 076.9	23.0	622.3	431.6
湖 北	555	4 649.2	1 147.0	1 368.0	2 134.2
湖 南	2 756	5 920.2	2 678.1	593.5	2 648.6
广 东	234	1 662.8	1 174.0	357.8	131.0
广 西	207	436.1	245.8	109.5	80.8
海 南	10	171.0	0.0	25.0	146.0
重 庆	2 475	15 419.1	3 434.0	5 530.6	6 454.5
四 川	710	4 880.6	2 000.0	831.8	2 048.8
贵 州	348	2 240.8	616.5	813.8	810.4
云 南	195	743.5	15.0	468.0	260.5
陕 西	567	7 990.1	5 933.0	854.1	1 202.9
甘 肃	290	1 927.6	25.0	237.6	1 665.0
青 海	430	1 930.0	1 800.0	80.0	50.0
宁 夏	276	962.4	386.5	250.0	325.9
新 疆	0	0.0	0.0	0.0	0.0

（续）

地区	获得贷款支持的家庭农场数	20万元及以下	20万～50万元	50万元以上	获得贷款资金总额
全　国	20 143	13 122	5 300	1 721	404 769.8
北　京	0	0	0	0	0.0
天　津	3	1	0	2	120.0
河　北	536	444	66	26	5 664.0
山　西	0	0	0	0	0.0
内蒙古	92	74	16	2	1 126.0
辽　宁	51	21	12	18	1 790.0
吉　林	1 050	575	319	156	27 565.9
黑龙江	948	873	55	20	8 686.3
上　海	5	0	5	0	230.0
江　苏	2 071	1 443	509	119	30 009.2
浙　江	3 345	1 899	1 010	436	107 472.0
安　徽	2 497	1 264	1 071	162	55 169.5
福　建	211	163	42	6	2 849.0
江　西	1 483	885	485	113	30 984.5
山　东	508	281	147	80	16 762.5
河　南	165	96	52	17	3 660.0
湖　北	1 299	820	299	180	28 968.1
湖　南	2 090	1 594	391	105	18 538.2
广　东	83	46	13	24	1 043.0
广　西	79	62	10	7	1 266.0
海　南	1	0	0	1	0.0
重　庆	858	695	127	36	11 758.2
四　川	728	530	160	38	11 978.8
贵　州	530	346	107	77	9 531.3
云　南	277	169	85	23	7 123.0
陕　西	530	341	149	40	9 293.1
甘　肃	514	368	119	27	10 700.0
青　海	136	89	42	5	1 741.0
宁　夏	30	28	2	0	186.0
新　疆	23	15	7	1	554.0

表4 全国农民专业合作社情况统计总表

单位：个、户、万元

指标名称	数量	比上年增长%
一、农民专业合作社基本情况		
（一）农民专业合作社数	1 336 089	17.4
其中：被农业主管部门认定为示范社的	126 661	18.9
（二）农民专业合作社成员数	59 931 674	7.2
其中：1. 普通农户数	51 976 620	5.8
2. 专业大户及家庭农场成员数	2 009 181	11.3
3. 企业成员数	293 530	-4.2
4. 其他团体成员数	230 711	-1.3
（三）农民专业合作社带动非成员农户数	67 436 766	3.1
二、农民专业合作社分类情况		
（一）按从事行业划分		
1. 种植业	710 437	18.5
其中：（1）粮食产业	276 177	29.5
（2）蔬菜产业	127 570	16.2
2. 林业	79 288	20.7
3. 畜牧业	324 310	13.9
其中：（1）生猪产业	108 598	9.6
（2）奶业	15 161	5.4
（3）肉牛羊产业	73 786	27.6
4. 渔业	45 617	14.4
5. 服务业	108 704	16.7

（续）

指标名称	数量	比上年增长%
其中：（1）农机服务	68 531	18.5
（2）植保服务	12 614	10.8
（3）土肥服务	4 536	10.6
（4）金融保险服务	873	−6.8
6. 其他	67 733	24.4
（二）按牵头人身份划分		
1. 农民	1 216 222	17.5
其中：村组干部	173 162	10.9
2. 企业	33 599	12.2
3. 基层农技服务组织	21 491	15.5
4. 其他	64 777	19.5
（三）按经营服务内容划分		
1. 产加销一体化服务	706 748	16.6
2. 生产服务为主	380 892	19.7
3. 购买服务为主	47 155	13.1
4. 仓储服务为主	11 860	9.4
5. 运销服务为主	34 455	13.5
6. 加工服务为主	27 266	20.4
7. 其他	127 713	18.6
（四）按是否采取土地股份合作划分		
1. 非土地股份合作社数量	1 250 867	18.1
2. 土地股份合作社数量	85 222	8.8

（续）

指标名称	数量	比上年增长％
（1）入股土地面积（亩）	31 570 338	−11.0
（2）入股成员数	3 849 224	−10.0
（五）按是否开展内部信用合作划分		
1. 未开展内部信用合作的合作社数	1 271 391	18.5
2. 开展内部信用合作的合作社	64 698	0.2
其中：（1）涉及合作社成员数	946 368	−14.7
（2）合作社成员入股互助资金	1 338 153.4	7.8
（3）成员使用互助资金总额	835 604.8	3.8
三、农民专业合作社经营服务情况		
（一）统一组织销售农产品总值	78 662 797.9	4.5
其中：统一销售农产品达80％以上的	512 564	22.4
（二）统一组织购买农业生产投入品总值	27 540 876.3	6.7
其中：统一购买比例达80％以上的	247 297	10.9
（三）培训成员数（个次）	42 134 332	9.2
（四）实施标准化生产的合作社数	82 080	7.2
（五）拥有注册商标的合作社数	74 941	7.5
（六）通过农产品质量认证的合作社数	40 233	8.9
（七）创办加工实体的合作社数	26 364	10.2
四、农民专业合用社盈余及其他分配情况		
（一）合作社经营收入	58 228 856.3	13.4
（二）农民专业合作社上缴国家税金	284 407.0	−3.6
（三）农民专业合作社盈余	10 251 905.1	2.6
（四）可分配盈余	9 450 571.1	4.2

（续）

指标名称	数量	比上年增长%
其中：1. 按交易量返还成员总额	5 426 937.1	5.2
2. 按股分红总额	2 255 613.5	5.6
（五）可分配盈余按交易量返还成员的合作社数	294 373	10.6
其中：60%以上	226 920	10.4
（六）提留公积金、公益金及风险金的合作社数	203 915	6.0
五、扶持农民专业合作社发展情况		
（一）获得财政扶持资金的合作社数	33 213	−5.8
其中：农业部门扶持	20 827	−1.8
（二）各级财政专项扶持资金总额	459 865.8	−3.6
（三）当年承担国家涉农项目的合作社数	3 781	−4.6
（四）当年贷款余额	1 130 260.0	6.6
六、与农民专业合作社有关的其他情况		
（一）其他农民专业合作组织数	33 971	5.1
1. 专业协会	28 587	2.7
2. 专业联合社	4 510	24.3
3. 专业联合会	874	4.7
（二）其他农民专业合作组织成员数	3 507 009	−0.7
1. 专业协会成员	3 114 419	−3.2
2. 专业联合社成员	298 018	40.0
3. 专业联合会成员	94 572	−6.0
（三）其他农民专业合作组织带动非成员农户数	6 813 887	−1.6

表 4-1　各地区农民专业合作社情况统计表

地区	农民专业合作社数	被农业主管部门认定为示范社	农民专业合作社成员数	普通农户数
全　国	1 336 089	126 661	59 931 674	51 976 620
北　京	6 330	575	327 044	264 900
天　津	8 876	446	207 136	200 886
河　北	93 339	4 431	3 125 199	3 051 405
山　西	81 061	10 169	1 257 553	1 227 522
内蒙古	56 180	1 457	779 452	755 899
辽　宁	42 221	2 665	1 617 934	1 287 330
吉　林	57 312	2 737	877 393	845 058
黑龙江	49 742	2 023	1 498 304	1 377 573
上　海	3 216	187	62 007	61 736
江　苏	70 940	12 249	12 004 935	10 578 481
浙　江	45 989	8 735	1 162 330	1 092 245
安　徽	64 190	6 628	3 299 329	2 869 857
福　建	29 454	3 129	789 836	638 785
江　西	40 957	4 944	1 562 724	1 302 868
山　东	138 946	12 926	6 265 803	5 460 140
河　南	100 615	9 948	4 060 000	3 329 200
湖　北	57 108	5 559	3 040 281	2 438 107
湖　南	45 703	5 115	2 830 187	2 043 980
广　东	35 684	3 817	718 587	618 148
广　西	24 121	1 783	647 042	435 598
海　南	13 553	857	252 365	233 660
重　庆	25 688	1 738	3 462 224	3 300 675
四　川	58 266	6 844	3 216 651	3 028 887
贵　州	23 360	1 966	748 852	422 414
云　南	35 476	2 123	1 552 523	1 390 964
陕　西	36 535	4 196	1 957 392	1 654 407
甘　肃	56 665	4 932	1 261 876	1 016 844
青　海	8 876	1 355	536 163	327 965
宁　夏	4 726	1 218	252 787	248 057
新　疆	20 960	1 909	557 765	473 029

（续）

地区	专业大户及家庭农场成员数	企业成员数	其他团体成员数	农民专业合作社带动非成员农户数
全　国	2 009 181	293 530	230 711	67 436 766
北　京	1 086	319	1 975	199 704
天　津	6 043	161	46	243 118
河　北	43 795	23 855	6 144	3 834 235
山　西	20 579	2 881	6 571	2 017 442
内蒙古	20 838	1 383	1 332	956 600
辽　宁	18 619	3 955	3 362	1 537 077
吉　林	21 597	1 415	3 534	624 889
黑龙江	23 823	1 034	1 375	911 432
上　海	0	218	53	125 363
江　苏	447 815	75 301	29 962	4 219 665
浙　江	30 455	2 740	4 536	4 151 600
安　徽	122 427	8 112	6 037	5 612 928
福　建	32 453	5 131	3 533	964 693
江　西	140 351	14 570	16 379	2 288 631
山　东	110 299	22 241	20 516	5 942 069
河　南	70 779	19 213	15 234	5 195 657
湖　北	190 527	23 493	35 348	3 321 463
湖　南	169 205	30 155	21 058	2 563 391
广　东	33 462	8 058	3 100	1 496 475
广　西	21 184	843	1 964	1 580 161
海　南	1 011	191	486	244 687
重　庆	122 371	5 092	8 242	2 822 653
四　川	128 511	11 248	17 605	6 372 726
贵　州	18 037	5 556	2 823	1 708 925
云　南	12 101	2 918	4 733	1 890 537
陕　西	148 954	8 905	9 533	2 959 988
甘　肃	35 599	11 366	1 459	1 945 988
青　海	4 078	1 978	527	257 815
宁　夏	4 650	27	53	561 768
新　疆	8 532	1 171	3 191	885 086

（续）

地区	种植业	粮食产业	蔬菜产业	林业	畜牧业	生猪产业
全　国	**710 437**	**276 177**	**127 570**	**79 288**	**324 310**	**108 598**
北　京	3 782	356	1 028	180	1 505	472
天　津	5 439	2 695	1 739	844	1 273	644
河　北	59 834	26 892	13 622	6 388	18 589	6 261
山　西	38 748	13 114	5 833	6 258	27 138	7 089
内蒙古	22 471	14 831	2 806	766	25 784	1 948
辽　宁	23 384	10 649	4 163	2 045	9 897	3 290
吉　林	28 640	20 845	1 664	1 016	14 020	6 082
黑龙江	36 565	29 740	1 743	345	7 129	2 737
上　海	2 246	730	781	82	176	34
江　苏	30 272	11 295	6 221	3 576	13 554	5 885
浙　江	27 226	5 113	6 113	4 081	5 524	1 665
安　徽	36 942	21 248	4 229	3 463	11 663	5 017
福　建	17 295	1 376	4 229	3 253	2 829	910
江　西	21 823	7 659	3 236	3 237	8 580	4 384
山　东	82 992	30 308	20 923	8 374	26 406	9 725
河　南	61 065	38 814	6 856	5 156	17 667	9 149
湖　北	23 691	6 990	5 136	4 328	13 772	6 115
湖　南	24 569	8 766	3 568	3 700	9 157	4 237
广　东	23 637	3 473	4 294	1 566	4 280	1 842
广　西	12 605	1 114	2 404	701	5 607	2 364
海　南	5 815	164	820	609	3 737	1 451
重　庆	13 126	2 144	3 775	1 802	6 976	2 380
四　川	27 177	3 864	6 634	4 483	18 618	8 617
贵　州	12 337	1 135	2 148	898	6 567	1 956
云　南	18 247	1 289	3 411	2 878	10 595	3 759
陕　西	18 306	3 994	3 316	2 335	12 201	4 476
甘　肃	22 520	4 727	4 835	3 614	24 383	4 812
青　海	2 510	1 023	566	532	5 158	717
宁　夏	1 705	620	491	546	1 845	250
新　疆	5 468	1 209	986	2 232	9 680	330

（续）

地 区	奶业	肉牛羊产业	渔业	服务业	农机服务
全 国	15 161	73 786	45 617	108 704	68 531
北 京	179	103	127	372	159
天 津	73	216	635	524	415
河 北	3 594	2 870	420	5 310	2 732
山 西	1 027	6 438	309	5 063	3 557
内蒙古	2 465	16 540	251	4 242	3 091
辽 宁	290	1 657	765	4 105	3 549
吉 林	348	1 849	341	9 345	7 393
黑龙江	1 268	1 299	435	4 166	3 815
上 海	7	14	380	194	112
江 苏	408	806	6 895	11 097	6 884
浙 江	77	535	3 655	3 228	1 364
安 徽	122	1 677	3 083	6 357	3 771
福 建	9	285	2 383	1 363	680
江 西	105	1 232	2 775	2 412	1 153
山 东	1 341	3 025	2 618	12 855	7 659
河 南	574	1 566	1 201	10 999	6 839
湖 北	73	2 199	5 894	4 422	2 685
湖 南	48	1 030	2 519	3 572	2 471
广 东	35	324	2 966	1 944	1 022
广 西	28	551	1 482	2 505	1 886
海 南	1	1	944	317	200
重 庆	54	1 302	1 274	1 624	1 104
四 川	268	2 702	2 561	2 895	1 768
贵 州	17	1 302	463	1 383	580
云 南	201	2 569	457	1 374	481
陕 西	830	2 839	285	1 587	895
甘 肃	544	10 737	219	3 156	1 182
青 海	502	2 473	57	267	140
宁 夏	166	1 054	86	329	218
新 疆	507	4 591	137	1 697	726

（续）

地区	植保服务	土肥服务	金融保险服务	其他	农民
全　国	12 614	4 536	873	67 733	1 216 222
北　京	2	0	0	364	5 688
天　津	16	2	0	161	8 210
河　北	354	880	79	2 798	84 076
山　西	177	130	19	3 545	78 529
内蒙古	193	209	12	2 666	54 209
辽　宁	61	51	2	2 025	39 450
吉　林	377	559	29	3 950	53 262
黑龙江	11	17	2	1 102	47 367
上　海	0	0	0	138	2 698
江　苏	2 211	217	84	5 546	60 962
浙　江	1 175	47	164	2 275	42 987
安　徽	1 100	248	1	2 682	57 901
福　建	160	32	10	2 331	27 666
江　西	762	27	24	2 130	36 262
山　东	958	580	112	5 701	128 031
河　南	2 161	592	80	4 527	92 988
湖　北	504	149	8	5 001	49 044
湖　南	285	54	24	2 186	39 052
广　东	123	143	3	1 291	33 042
广　西	110	42	3	1 221	22 071
海　南	1	2	2	2 131	9 130
重　庆	159	110	0	886	21 933
四　川	812	75	120	2 532	48 609
贵　州	107	24	22	1 712	20 452
云　南	329	75	6	1 925	33 178
陕　西	156	123	28	1 821	32 996
甘　肃	157	79	17	2 773	53 890
青　海	16	6	15	352	8 397
宁　夏	5	4	3	215	4 505
新　疆	132	59	4	1 746	19 637

（续）

地区	村组干部	企业	基层农技服务组织	其他	产加销一体化服务
全　国	173 162	33 599	21 491	64 777	706 748
北　京	184	347	14	281	5 565
天　津	1 206	309	212	145	4 167
河　北	9 358	4 636	1 947	2 680	41 928
山　西	10 075	306	209	2 017	40 905
内蒙古	5 181	406	321	1 244	25 501
辽　宁	2 845	563	274	1 934	21 767
吉　林	5 184	367	350	3 333	28 886
黑龙江	5 809	210	76	2 089	21 093
上　海	0	486	14	18	2 618
江　苏	16 097	2 181	3 026	4 771	30 269
浙　江	4 973	590	242	2 170	29 012
安　徽	7 771	2 214	1 149	2 926	34 646
福　建	3 276	587	185	1 016	18 200
江　西	5 927	1 332	841	2 522	24 854
山　东	26 448	2 764	2 691	5 460	68 093
河　南	12 757	2 498	2 042	3 087	51 094
湖　北	6 509	1 645	1 300	5 119	34 573
湖　南	6 931	1 401	1 631	3 619	26 744
广　东	5 515	752	321	1 569	26 336
广　西	2 556	403	329	1 318	15 300
海　南	878	1 295	186	2 942	5 887
重　庆	5 035	1 278	636	1 841	15 789
四　川	9 336	3 544	1 550	4 563	31 702
贵　州	2 528	807	372	1 729	12 157
云　南	4 645	585	289	1 424	18 537
陕　西	5 249	1 051	668	1 820	19 608
甘　肃	4 119	710	461	1 604	36 545
青　海	1 218	87	34	358	4 610
宁　夏	190	74	39	108	2 104
新　疆	1 362	171	82	1 070	8 258

（续）

地区	生产服务为主	购买服务为主	仓储服务为主	运销服务为主	加工服务为主
全　国	**380 892**	**47 155**	**11 860**	**34 455**	**27 266**
北　京	394	38	30	61	35
天　津	3 034	670	96	412	232
河　北	31 476	6 152	1 706	3 028	2 660
山　西	26 605	1 304	305	843	1 129
内蒙古	18 647	2 011	416	2 245	985
辽　宁	12 867	1 074	204	282	426
吉　林	17 666	2 419	210	773	729
黑龙江	18 593	2 181	358	554	772
上　海	100	58	2	33	29
江　苏	21 725	2 266	899	3 206	2 639
浙　江	11 014	647	68	979	713
安　徽	18 390	1 806	1 385	2 171	1 668
福　建	6 954	591	61	516	665
江　西	10 329	1 216	265	615	927
山　东	44 306	6 020	1 595	4 168	2 188
河　南	31 725	5 209	1 188	1 761	2 191
湖　北	12 552	1 318	434	1 281	1 476
湖　南	11 976	1 002	211	743	1 292
广　东	5 429	623	101	253	471
广　西	4 931	400	32	655	265
海　南	3 304	223	108	1 842	338
重　庆	5 828	1 171	45	907	399
四　川	15 791	1 817	358	1 422	1 287
贵　州	7 793	629	57	464	453
云　南	10 912	483	110	313	556
陕　西	9 634	1 259	862	1 266	948
甘　肃	8 796	1 829	536	2 537	982
青　海	3 174	218	26	426	104
宁　夏	1 710	109	34	365	45
新　疆	5 237	2 412	158	334	662

（续）

地区	其他	非土地 股份合作社 数量	土地股份 合作社数量	入股土地 面积	入股 成员数
全　国	127 713	1 250 867	85 222	31 570 338	3 849 224
北　京	207	6 313	17	21 012	3 223
天　津	265	8 812	64	175 000	20 000
河　北	6 389	84 140	9 199	264 103	246 062
山　西	9 970	81 024	37	20 168	3 263
内蒙古	6 375	54 009	2 171	885 170	22 432
辽　宁	5 601	41 657	564	163 572	13 310
吉　林	6 629	51 170	6 142	556 830	52 724
黑龙江	6 191	35 506	14 236	14 546 557	538 496
上　海	376	3 216	0	0	0
江　苏	9 936	61 346	9 594	4 227 930	1 490 217
浙　江	3 556	45 176	813	214 988	39 880
安　徽	4 124	63 155	1 035	256 457	61 870
福　建	2 467	28 699	755	125 792	24 665
江　西	2 751	36 744	4 213	291 616	73 663
山　东	12 576	134 156	4 790	793 328	198 256
河　南	7 447	96 677	3 938	505 039	61 175
湖　北	5 474	56 388	720	576 082	96 098
湖　南	3 735	38 409	7 294	562 420	135 338
广　东	2 471	35 179	505	15 634	4 353
广　西	2 538	22 789	1 332	70 539	11 612
海　南	1 851	11 580	1 973	38 999	4 681
重　庆	1 549	22 331	3 357	1 064 097	361 312
四　川	5 889	54 849	3 417	445 667	201 405
贵　州	1 807	18 869	4 491	246 319	76 206
云　南	4 565	34 313	1 163	186 609	44 973
陕　西	2 958	36 463	72	34 427	3 385
甘　肃	5 440	55 060	1 605	47 216	11 381
青　海	318	8 454	422	4 934 612	28 691
宁　夏	359	4 721	5	3 060	263
新　疆	3 899	19 662	1 298	297 095	20 290

（续）

地区	未开展内部信用合作的合作社数	开展内部信用合作的合作社数	涉及合作社成员数	合作社成员入股互助资金总额	成员使用互助资金总额
全　国	1 271 391	64 698	946 368	1 338 153.4	835 604.8
北　京	6 292	38	3 557	7 100.0	5 474.0
天　津	8 876	0	0	0.0	0.0
河　北	92 724	615	86 325	182 216.3	143 113.8
山　西	81 060	1	432	2 080.0	1 700.0
内蒙古	56 180	0	0	0.0	0.0
辽　宁	41 978	243	3 251	2 220.4	1 845.5
吉　林	56 448	864	8 697	7 073.8	3 261.4
黑龙江	42 128	7 614	93 777	58 530.0	34 266.2
上　海	3 216	0	0	0.0	0.0
江　苏	70 904	36	6 092	602.8	630.1
浙　江	45 839	150	10 945	61 764.1	78 926.7
安　徽	63 726	464	22 103	24 652.3	28 417.8
福　建	28 888	566	5 694	7 643.1	4 244.5
江　西	33 432	7 525	49 700	106 789.1	60 483.5
山　东	135 807	3 139	50 712	94 846.9	48 230.6
河　南	95 893	4 722	41 847	32 994.1	18 027.0
湖　北	44 927	12 181	270 874	368 749.0	212 274.9
湖　南	37 321	8 382	118 360	145 870.9	92 716.4
广　东	35 684	0	0	0.0	0.0
广　西	20 506	3 615	35 919	17 156.8	11 059.9
海　南	8 320	5 233	19 695	26 546.4	11 158.8
重　庆	25 688	0	0	0.0	0.0
四　川	58 141	125	8 441	15 177.0	10.0
贵　州	18 195	5 165	41 503	85 887.0	27 390.7
云　南	35 457	19	3 186	10 809.5	8 843.6
陕　西	36 243	292	26 902	47 476.0	18 973.5
甘　肃	53 938	2 727	14 846	15 599.3	8 922.8
青　海	7 897	979	23 435	16 153.6	15 445.3
宁　夏	4 723	3	75	215.0	188.0
新　疆	20 960	0	0	0.0	0.0

（续）

地 区	统一组织销售农产品总值	统一销售农产品达80%以上的	统一组织购买农业生产投入品总值	统一购买比例达80%以上的
全　国	78 662 797.9	512 564	27 540 876.3	247 297
北　京	525 002.0	3 798	220 694.0	3 798
天　津	1 096 661.0	2 990	347 461.0	2 492
河　北	2 784 330.5	28 114	798 804.3	19 225
山　西	835 402.1	8 938	271 671.7	5 760
内蒙古	1 283 220.7	8 676	413 084.4	5 020
辽　宁	1 691 049.2	9 865	555 262.6	6 599
吉　林	629 244.6	5 678	256 038.3	3 457
黑龙江	1 487 194.7	9 086	638 471.3	6 047
上　海	770 634.0	845	297 714.0	573
江　苏	10 045 475.1	44 859	3 753 717.6	19 855
浙　江	3 644 451.1	13 364	1 278 910.5	10 823
安　徽	4 574 759.8	21 550	1 679 677.8	12 181
福　建	1 868 691.6	12 082	705 543.8	4 753
江　西	2 401 825.7	15 686	882 718.5	12 251
山　东	9 130 955.3	59 850	3 162 977.7	28 177
河　南	5 365 187.2	27 639	3 145 503.1	23 789
湖　北	6 808 757.8	29 864	2 652 970.8	19 970
湖　南	5 961 151.3	24 885	1 435 733.7	12 161
广　东	2 081 941.0	9 726	747 121.0	7 372
广　西	1 342 001.9	5 564	316 209.7	3 037
海　南	344 195.8	2 817	72 746.7	809
重　庆	1 673 436.1	8 298	526 139.6	6 431
四　川	4 509 906.9	21 180	1 524 185.3	8 926
贵　州	1 425 759.4	103 288	251 152.8	5 781
云　南	1 346 467.2	8 436	329 896.0	3 573
陕　西	1 734 717.4	7 853	260 911.8	4 829
甘　肃	1 733 318.4	8 948	581 081.1	4 981
青　海	140 626.9	2 271	52 714.2	1 800
宁　夏	514 430.9	1 614	114 173.0	940
新　疆	912 002.4	4 800	267 590.1	1 887

（续）

地区	培训成员数	实施标准化生产的合作社数	拥有注册商标的合作社数	通过农产品质量认证的合作社数	创办加工实体的合作社数
全　国	42 134 332	82 080	74 941	40 233	26 364
北　京	378 070	227	356	689	126
天　津	324 310	1 583	620	996	118
河　北	2 067 703	3 073	3 073	1 685	1 988
山　西	305 397	1 744	3 110	767	161
内蒙古	262 947	1 121	1 444	245	291
辽　宁	1 053 360	2 182	2 510	991	325
吉　林	635 067	908	1 873	621	182
黑龙江	467 066	1 550	1 059	468	300
上　海	76 258	346	403	877	96
江　苏	5 698 573	6 026	7 500	5 263	3 406
浙　江	1 420 772	5 373	5 890	3 848	1 284
安　徽	2 015 697	3 431	4 329	1 677	2 192
福　建	474 567	2 314	2 702	740	621
江　西	950 231	5 321	2 144	1 171	1 331
山　东	4 007 796	8 129	7 822	2 854	828
河　南	3 330 359	8 094	4 051	1 829	1 462
湖　北	2 030 241	7 429	4 157	2 761	2 551
湖　南	2 866 151	2 577	3 712	2 635	1 530
广　东	811 638	2 843	1 719	1 046	594
广　西	1 975 007	679	648	648	237
海　南	392 581	530	844	180	610
重　庆	2 139 598	3 035	2 012	836	675
四　川	3 227 856	3 884	3 935	3 058	420
贵　州	1 155 542	1 222	1 632	1 089	484
云　南	1 404 668	1 307	1 431	538	604
陕　西	1 205 376	1 169	2 638	861	2 482
甘　肃	850 801	3 905	1 535	956	510
青　海	81 010	84	316	37	196
宁　夏	293 741	706	312	413	342
新　疆	231 949	1 288	1 164	454	418

（续）

地区	合作社经营收入	农民专业合作社上缴的税金总额	农民专业合作社盈余	可分配盈余
全　国	58 228 856.3	284 407.0	10 251 905.1	9 450 571.1
北　京	795 821.0	350.0	91 506.9	55 819.3
天　津	742 283.5	0.0	106 487.0	85 980.0
河　北	1 352 721.9	8 813.4	449 614.7	280 092.6
山　西	1 010 356.6	3 688.0	128 605.3	123 987.3
内蒙古	439 391.7	512.6	111 926.7	95 386.5
辽　宁	961 125.6	1 601.9	249 761.8	225 432.5
吉　林	392 462.6	1 542.9	111 939.2	156 458.7
黑龙江	1 412 712.6	10 089.1	510 904.9	569 663.8
上　海	860 378.0	0.0	69 765.0	64 119.0
江　苏	10 626 626.0	39 775.2	1 246 997.7	1 246 840.5
浙　江	5 198 090.1	9 758.6	755 065.4	505 744.0
安　徽	2 988 583.4	9 151.8	535 338.8	448 566.3
福　建	1 343 963.7	3 397.4	187 078.9	211 837.3
江　西	2 846 848.0	11 797.5	542 253.6	520 457.6
山　东	5 957 393.4	45 217.7	1 148 193.0	979 047.6
河　南	2 889 839.1	41 362.0	662 349.3	702 877.0
湖　北	4 109 443.7	32 209.1	785 166.6	693 987.4
湖　南	2 828 313.5	27 445.3	323 559.8	513 713.5
广　东	1 371 571.7	8 026.0	304 523.1	251 155.2
广　西	740 669.4	11 184.1	135 259.0	124 352.9
海　南	81 255.6	1 315.2	34 602.8	38 762.9
重　庆	1 764 449.3	0.0	246 994.0	219 890.5
四　川	3 095 949.1	4 509.6	542 745.7	489 448.2
贵　州	352 868.0	3 847.1	102 166.5	94 328.2
云　南	762 407.2	1 307.6	159 928.4	145 278.0
陕　西	978 675.8	4 796.7	175 221.0	148 433.6
甘　肃	1 197 724.6	1 759.8	336 172.7	295 489.7
青　海	115 609.3	534.8	48 978.7	46 402.4
宁　夏	282 486.0	0.0	47 439.8	38 864.4
新　疆	728 836.1	413.5	101 358.4	78 154.3

（续）

地区	按交易量返还成员总额	按股分红总额	可分配盈余按交易量返还成员的合作社数	60%以上	提留公积金、公益金及风险金的合作社数
全 国	5 426 937.1	2 255 613.5	294 373	226 920	203 915
北 京	41 812.0	14 007.3	767	569	611
天 津	65 040.0	20 940.0	6 412	6 412	6 412
河 北	149 058.8	82 656.5	19 769	16 431	16 442
山 西	68 446.7	31 734.0	7 260	4 981	4 396
内蒙古	54 454.4	25 783.2	4 422	2 874	1 318
辽 宁	136 325.5	55 804.5	8 237	5 942	4 845
吉 林	62 060.4	60 762.7	3 868	2 418	2 232
黑龙江	299 227.3	236 798.2	7 245	5 407	4 391
上 海	18 588.0	12 055.0	1 352	533	730
江 苏	663 606.5	239 835.9	27 451	20 647	21 404
浙 江	291 283.5	105 532.7	11 810	9 707	10 269
安 徽	277 856.7	80 608.8	15 137	11 285	10 257
福 建	124 958.2	52 727.4	6 999	5 634	4 641
江 西	293 253.4	174 105.3	14 561	11 966	11 234
山 东	658 732.4	163 858.4	39 159	29 980	25 557
河 南	432 846.2	157 913.2	24 443	20 185	16 479
湖 北	413 454.0	196 016.4	19 158	14 954	14 120
湖 南	290 902.8	121 022.0	16 166	13 743	11 031
广 东	107 970.3	37 836.1	6 764	5 551	5 602
广 西	64 674.1	47 884.0	3 816	2 710	1 683
海 南	16 528.4	10 031.4	870	390	730
重 庆	142 325.3	49 224.2	6 947	5 192	5 297
四 川	338 615.8	96 330.0	11 693	9 268	6 803
贵 州	58 204.5	23 761.1	4 882	2 717	2 847
云 南	94 719.0	21 102.0	5 528	4 235	2 600
陕 西	76 140.3	48 007.2	4 117	2 687	2 212
甘 肃	143 734.4	38 701.5	9 979	6 698	5 607
青 海	15 928.6	26 817.1	2 131	1 321	1 490
宁 夏	21 973.2	3 729.1	1 610	1 275	891
新 疆	4 216.3	20 028.2	1 820	1 208	1 784

（续）

地区	当年获得财政扶持资金的合作社数	农业部门扶持	当年各级财政专项扶持资金总额	当年承担国家涉农项目的合作社数	当年贷款余额
全　国	**33 213**	**20 827**	**459 865.8**	**3 781**	**1 130 260.0**
北　京	118	97	7 834.5	63	19 711.7
天　津	193	188	9 534.6	0	0.0
河　北	889	536	19 381.1	168	1 932.0
山　西	1 498	1 094	9 460.5	136	2 339.6
内蒙古	269	171	9 871.2	70	15 805.3
辽　宁	363	276	5 145.9	16	15 325.4
吉　林	393	255	3 915.4	3	2 354.0
黑龙江	138	117	21 782.5	7	33 499.5
上　海	467	467	5 500.0	21	154 009.0
江　苏	1 888	1 243	32 688.5	277	79 309.5
浙　江	2 937	2 150	36 830.2	654	87 246.0
安　徽	2 116	1 329	24 884.2	188	45 246.0
福　建	1 303	987	12 002.9	27	5 626.0
江　西	1 619	979	8 938.8	103	3 243.0
山　东	1 707	1 223	13 103.3	87	45 050.7
河　南	834	506	13 451.3	115	6 443.0
湖　北	1 962	930	29 030.8	133	83 043.0
湖　南	3 051	1 851	28 906.1	57	14 571.7
广　东	1 311	697	7 932.5	19	4 897.0
广　西	1 242	662	8 994.5	168	5 355.7
海　南	208	118	5 390.7	32	3 189.0
重　庆	2 295	1 359	32 644.9	829	24 617.4
四　川	1 255	642	30 654.9	150	17 093.0
贵　州	1 218	865	30 691.2	192	7 204.0
云　南	700	245	9 367.5	24	6 201.5
陕　西	977	659	13 484.6	35	7 218.4
甘　肃	683	341	7 019.1	36	422 498.0
青　海	479	338	8 240.3	22	1 847.0
宁　夏	501	134	2 531.1	2	0.0
新　疆	599	368	10 652.9	147	15 383.0

（续）

地区	其他农民专业合作组织数	专业协会	专业联合社	专业联合会	其他农民专业合作组织成员数
全　国	**33 971**	**28 587**	**4 510**	**874**	**3 507 009**
北　京	102	66	29	7	8 332
天　津	117	52	65	0	19 738
河　北	4 186	3 567	460	159	376 302
山　西	171	25	145	1	6 394
内蒙古	441	429	11	1	26 190
辽　宁	258	226	28	4	38 902
吉　林	1 239	934	278	27	24 435
黑龙江	686	619	61	6	33 058
上　海	25	0	18	7	0
江　苏	1 963	1 288	607	68	412 757
浙　江	687	370	217	100	30 726
安　徽	2 245	2 026	205	14	232 568
福　建	475	423	49	3	22 255
江　西	834	628	187	19	31 103
山　东	2 186	1 483	626	77	160 163
河　南	1 113	814	256	43	89 730
湖　北	1 252	1 002	176	74	202 711
湖　南	1 440	1 102	248	90	138 398
广　东	313	242	67	4	28 027
广　西	939	905	32	2	124 378
海　南	162	81	48	33	7 433
重　庆	623	454	148	21	87 684
四　川	4 483	4 212	228	43	675 253
贵　州	1 419	1 291	111	17	82 796
云　南	3 155	3 080	51	24	408 015
陕　西	784	691	76	17	54 886
甘　肃	2 197	2 133	53	11	93 244
青　海	174	163	11	0	19 657
宁　夏	74	66	7	1	6 841
新　疆	228	215	12	1	65 033

（续）

地区	专业协会成员	专业联合社成员	专业联合会成员	其他农民专业合作组织带动非成员农户数
全 国	3 114 419	298 018	94 572	6 813 887
北 京	7 033	813	486	37 397
天 津	19 382	356	0	30 590
河 北	292 935	19 515	63 852	798 512
山 西	559	5 781	54	40 553
内 蒙 古	26 062	119	9	67 113
辽 宁	35 885	2 645	372	34 198
吉 林	20 239	3 502	694	37 576
黑 龙 江	31 646	1 289	123	27 115
上 海	0	0	0	0
江 苏	292 340	113 420	6 997	658 147
浙 江	23 691	2 534	4 501	444 283
安 徽	223 317	8 340	911	696 117
福 建	21 450	493	312	109 979
江 西	15 859	14 286	958	72 901
山 东	152 573	6 504	1 086	289 210
河 南	62 256	25 063	2 411	226 312
湖 北	169 557	30 815	2 339	158 752
湖 南	126 398	9 546	2 454	228 157
广 东	23 324	3 468	1 235	132 757
广 西	120 409	3 904	65	172 087
海 南	4 200	3 200	33	30 203
重 庆	85 840	1 050	794	197 447
四 川	650 622	23 194	1 437	1 078 985
贵 州	71 062	9 997	1 737	178 658
云 南	406 891	467	657	595 741
陕 西	51 788	2 640	458	85 466
甘 肃	88 866	3 876	502	251 686
青 海	19 563	94	0	36 368
宁 夏	6 722	89	30	44 208
新 疆	63 950	1 018	65	53 369

表5 全国村集体经济组织收益分配统计总表

单位：万元、个

	金额	占总体 %	比上年 %
一、总收入	**40 995 432.6**	**100.0**	**2.3**
1. 经营收入	14 258 165.6	34.8	1.5
2. 发包及上交收入	7 476 645.8	18.2	1.9
3. 投资收益	1 202 976.6	3.0	−4.5
4. 补助收入	8 666 827.6	21.1	11.7
5. 其他收入	9 390 817.0	22.9	−2.7
二、总支出	**26 828 491.6**	**100.0**	**−0.1**
1. 经营支出	8 216 656.4	30.6	−4.9
2. 管理费用	8 063 648.2	30.1	5.2
其中：(1) 干部报酬	3 234 288.1	40.1	11.0
(2) 报刊费	138 857.4	1.7	−0.1
3. 其他支出	10 548 187.0	39.3	−0.1
三、本年收益	**14 166 940.9**	**—**	**7.4**
四、年初未分配收益	**2 941 090.3**	**—**	**−8.5**
五、其他转入	**1 161 893.8**	**—**	**11.5**
六、可分配收益	**18 269 925.1**	**100.0**	**4.7**
1. 提取公积金、公益金	4 341 979.6	23.8	0.8
2. 提取应付福利费	2 733 117.5	15.0	2.5
3. 外来投资分利	142 092.4	0.8	4.8

（续）

	金额	占总体 %	比上年 %
4. 农户分配	5 256 158.9	28.8	6.4
5. 其他分配	710 480.7	3.9	1.2
七、年末未分配收益	**5 086 095.9**	**—**	**8.3**
八、附报			
1. 汇入本表村数	579 545	100.0	−0.8
（1）当年无经营收益的村	310 664	53.6	−3.8
（2）当年有经营收益的村	268 881	46.4	2.9
①5万元以下的村	131 421	22.7	3.6
②5万～10万元的村	55 618	9.6	5.7
③10万～50万元的村	51 535	8.9	−0.5
④50万～100万元的村	13 256	2.3	−0.9
⑤100万元以上的村	17 051	2.9	2.1
2. 当年扩大再生产支出	1 469 671.4	—	−1.2
3. 当年公益性基础设施建设投入	10 314 329.2	100.0	9.7
其中：各级财政投入	6 519 685.0	63.2	17.0
其中：获得一事一议奖补资金	2 307 610.1	35.4	0.6
4. 当年村组织支付的公共服务费用	1 275 369.3	—	−1.1
5. 农村集体建设用地出租出让宗数（宗）	240 814	—	27.3
6. 农村集体建设用地出租出让面积（亩）	3 209 721	—	44.0
7. 农村集体建设用地出租出让的收入	4 342 949.6	—	69.0

表 5-1 各地区村集体经济组织收益分配情况统计表

地区	总收入	经营收入	发包及上交收入	投资收益	补助收入
全 国	40 995 432.6	14 258 165.6	7 476 645.8	1 202 976.6	8 666 827.6
北 京	1 916 012.7	1 323 149.3	80 119.3	123 282.9	154 037.1
天 津	704 623.7	283 829.6	156 367.4	14 789.9	76 079.0
河 北	1 734 112.3	568 996.4	385 554.7	18 337.3	275 271.1
山 西	944 959.2	227 814.9	149 003.9	13 886.0	242 207.7
内蒙古	236 675.7	17 513.8	47 784.4	2 641.0	97 485.2
辽 宁	461 241.4	110 920.7	128 108.0	13 323.0	106 534.5
吉 林	308 426.1	97 109.6	79 199.5	4 258.8	92 955.4
黑龙江	342 493.4	46 549.4	122 983.8	1 867.9	105 180.1
上 海	1 195 704.1	585 294.9	64 565.0	58 557.9	308 139.0
江 苏	3 805 345.5	841 072.1	1 016 021.5	217 945.5	873 788.6
浙 江	3 624 214.0	1 432 520.6	389 606.1	147 266.2	1 017 769.0
安 徽	918 583.5	145 513.6	69 822.0	19 459.0	403 561.2
福 建	1 036 559.0	136 300.7	71 235.7	14 793.4	619 655.2
江 西	703 377.8	194 082.8	55 050.3	22 292.2	204 866.2
山 东	5 331 324.0	2 606 958.9	815 806.3	103 828.0	660 290.9
河 南	1 524 693.9	522 891.2	175 266.6	73 612.3	253 592.0
湖 北	1 848 405.0	609 000.9	205 395.8	28 152.7	410 141.4
湖 南	1 441 232.8	327 940.5	83 255.2	22 317.1	606 617.1
广 东	7 804 503.2	3 144 215.1	2 813 096.8	205 548.7	493 891.9
广 西	277 262.7	114 973.8	59 979.6	3 838.0	50 423.6
海 南	215 508.9	91 397.8	21 760.7	3 887.8	25 745.2
重 庆	472 277.2	15 045.3	17 002.1	1 187.2	229 350.7
四 川	1 007 175.3	91 150.3	66 803.4	5 581.3	457 417.5
贵 州	309 221.3	99 120.0	13 107.0	45 061.2	82 001.3
云 南	1 315 771.8	164 982.5	171 791.2	3 899.2	424 556.7
陕 西	823 283.7	337 061.3	88 476.2	28 426.3	119 109.9
甘 肃	236 706.3	61 666.5	14 001.3	1 769.2	106 360.0
青 海	38 140.2	7 822.9	3 218.6	1 703.2	18 987.7
宁 夏	81 640.0	33 250.1	5 527.9	368.6	25 738.7
新 疆	335 957.7	20 020.2	106 735.7	1 095.0	125 073.6

（续）

地区	其他收入	总支出	经营支出	管理费用	干部报酬
全 国	9 390 817.0	26 828 491.6	8 216 656.4	8 063 648.2	3 234 288.1
北 京	235 424.1	1 697 177.4	1 126 596.6	548 220.9	56 113.3
天 津	173 557.8	574 651.3	228 878.8	131 120.1	27 469.0
河 北	485 952.8	1 257 015.1	346 470.8	329 747.2	89 296.4
山 西	312 046.7	770 010.2	194 398.4	177 746.0	61 506.2
内 蒙 古	71 251.3	223 918.2	18 546.0	89 266.5	47 832.5
辽 宁	102 355.2	433 752.2	90 541.3	179 240.6	74 672.4
吉 林	34 902.8	247 185.8	75 217.7	85 869.9	49 891.3
黑 龙 江	65 912.3	272 971.5	41 970.9	75 840.5	48 070.1
上 海	179 147.4	955 257.6	207 051.7	294 503.4	88 205.4
江 苏	856 517.9	2 342 153.2	249 170.5	861 604.8	475 734.2
浙 江	637 052.0	1 552 042.9	269 351.6	660 187.9	273 146.9
安 徽	280 227.8	723 359.2	111 239.3	219 504.7	120 739.4
福 建	194 574.0	849 738.5	66 462.4	308 089.6	113 519.0
江 西	227 086.3	296 362.1	105 700.9	188 545.6	98 808.7
山 东	1 144 439.9	4 150 171.8	2 091 507.5	771 649.0	268 145.6
河 南	499 331.8	1 199 424.1	472 391.0	274 960.3	128 178.7
湖 北	595 714.1	1 417 714.7	469 528.4	283 587.2	170 317.3
湖 南	401 102.9	1 247 179.9	298 028.9	305 051.1	159 515.9
广 东	1 147 750.6	2 999 468.2	1 140 685.1	1 145 241.7	299 469.9
广 西	48 047.7	155 562.0	63 261.4	51 343.0	30 350.7
海 南	72 717.3	91 223.5	22 082.0	41 696.9	4 076.7
重 庆	209 691.9	379 221.1	10 224.9	108 378.5	56 543.3
四 川	386 222.8	849 801.1	71 745.1	285 516.1	194 903.9
贵 州	69 931.8	207 808.4	61 040.1	87 340.9	49 512.0
云 南	550 542.3	988 282.3	128 306.3	253 068.7	84 206.0
陕 西	250 210.1	410 318.7	150 780.8	100 142.8	52 291.5
甘 肃	52 909.5	188 874.5	45 220.5	71 229.8	52 423.5
青 海	6 407.9	29 040.2	3 634.3	18 001.4	10 261.5
宁 夏	16 754.8	79 449.9	27 758.1	16 826.3	11 490.2
新 疆	83 033.2	239 355.9	28 865.1	100 126.9	37 596.7

（续）

地区	报刊费	其他支出	本年收益	年初未分配收益	其他转入
全　　国	**138 857.4**	**10 548 187.0**	**14 166 940.9**	**2 941 090.3**	**1 161 893.8**
北　　京	1 056.5	22 359.9	218 835.3	−794 530.4	258 425.2
天　　津	1 550.6	214 652.4	129 972.4	−75 894.1	12 776.6
河　　北	12 058.8	580 797.1	477 097.2	88 780.9	64 767.7
山　　西	5 632.3	397 865.8	174 949.0	−171 052.4	17 616.9
内　蒙　古	1 632.8	116 105.8	12 757.4	22 933.6	18 013.3
辽　　宁	3 302.0	163 970.3	27 489.2	−115 158.0	52 763.1
吉　　林	1 070.4	86 098.3	61 240.3	25 068.1	503.9
黑　龙　江	1 373.3	155 160.1	69 522.0	−34 495.2	3 999.9
上　　海	1 720.7	453 702.5	240 446.5	499 044.2	17 905.0
江　　苏	14 962.8	1 231 377.8	1 463 192.3	160 968.1	22 076.6
浙　　江	11 176.7	622 503.4	2 072 171.1	395 232.7	326 140.0
安　　徽	2 346.9	392 615.2	195 224.3	166 796.7	9 774.2
福　　建	6 436.0	475 186.5	186 820.5	−32 426.9	32 171.2
江　　西	5 377.9	2 115.6	407 015.7	63 676.3	15 703.7
山　　东	11 796.4	1 287 015.3	1 181 152.2	464 419.5	91 338.4
河　　南	6 628.7	452 072.9	325 269.8	68 448.8	13 298.6
湖　　北	6 658.2	664 599.1	430 690.2	115 719.7	27 468.0
湖　　南	4 883.1	644 099.9	194 053.0	71 793.4	17 994.4
广　　东	13 627.9	713 541.5	4 805 034.9	560 631.7	75 799.3
广　　西	1 348.2	40 957.6	121 700.7	77 885.3	4 183.6
海　　南	252.5	27 444.7	124 285.4	71 129.6	15 508.8
重　　庆	1 677.6	260 617.6	93 056.2	158 195.9	2 720.4
四　　川	9 346.5	492 539.9	157 374.2	85 997.6	3 518.5
贵　　州	890.3	59 427.4	101 412.8	22 453.1	2 511.1
云　　南	2 439.3	606 907.3	327 489.5	405 152.1	24 547.1
陕　　西	6 236.2	159 395.0	412 965.0	593 214.8	14 674.4
甘　　肃	1 456.5	72 424.2	47 831.8	18 708.4	689.3
青　　海	279.9	7 404.6	9 100.0	3 216.0	618.5
宁　　夏	99.4	34 865.6	2 190.1	−3 059.8	12 668.1
新　　疆	1 539.3	110 363.9	96 601.9	28 240.4	1 718.0

（续）

地区	可分配收益	提取公积金、公益金	提取应付福利费	外来投资分利	农户分配
全 国	18 269 925.1	4 341 979.6	2 733 117.5	142 092.4	5 256 158.9
北 京	−317 269.9	64 816.3	5 289.1	304.3	450 103.7
天 津	66 854.9	42 703.1	71 313.9	361.0	36 311.1
河 北	630 645.8	142 610.3	74 159.8	5 866.1	66 015.8
山 西	21 513.5	67 256.1	88 958.4	395.2	22 408.0
内蒙古	53 704.4	15 564.0	5 241.7	0.0	18 676.2
辽 宁	−34 905.7	20 396.0	20 156.7	1.0	40 873.4
吉 林	86 812.3	22 375.1	982.2	0.0	2 408.8
黑龙江	39 026.7	59 573.1	3 730.3	326.1	979.4
上 海	757 395.7	50 725.4	1 952.6	926.9	39 424.9
江 苏	1 646 237.1	902 879.4	169 566.0	23 945.9	246 588.0
浙 江	2 793 543.8	864 071.1	863 396.4	642.6	546 693.1
安 徽	371 795.2	51 392.3	19 373.3	8 175.5	30 105.8
福 建	186 564.8	106 956.1	111 837.7	1 690.9	14 392.8
江 西	486 395.7	33 847.7	9 752.7	4 210.9	46 994.2
山 东	1 736 910.1	520 087.1	324 386.8	10 488.4	278 755.3
河 南	407 017.1	107 242.7	38 606.2	20 309.5	78 752.8
湖 北	573 878.0	263 660.3	36 013.4	8 239.8	63 415.6
湖 南	283 840.7	89 173.9	17 038.8	6 149.8	43 508.0
广 东	5 441 466.0	587 737.7	815 620.3	29 072.7	2 765 352.6
广 西	203 769.7	8 862.9	4 245.5	3 546.8	56 763.1
海 南	210 923.8	5 941.8	604.8	442.9	30 746.8
重 庆	253 972.5	58 587.6	5 821.4	367.9	37 727.5
四 川	246 890.3	37 179.2	10 383.4	2 786.1	52 881.1
贵 州	126 377.1	6 408.4	2 801.3	3 334.4	37 980.0
云 南	757 188.7	108 652.3	8 390.8	24.6	86 190.5
陕 西	1 020 854.2	39 688.4	10 223.8	8 806.1	145 371.4
甘 肃	67 229.5	9 387.1	1 344.7	1 622.0	12 342.6
青 海	12 934.5	3 333.9	1 564.1	55.0	3 540.6
宁 夏	11 798.4	2 346.9	374.2	0.0	0.0
新 疆	126 560.3	48 523.1	9 987.3	0.2	855.7

（续）

地区	其他 分配	年末未 分配收益	汇入 本表村数	当年无经营 收益的村	当年有经营 收益的村
全　国	710 480.7	5 086 095.9	579 545	310 664	268 881
北　京	0.0	−837 783.3	3 962	1 768	2 194
天　津	7 492.1	−91 326.3	3 706	1 778	1 928
河　北	15 580.6	326 413.1	46 360	22 506	23 854
山　西	24 645.4	−182 149.6	28 078	20 429	7 649
内蒙古	1 025.8	13 196.8	11 310	8 367	2 943
辽　宁	9 210.0	−125 542.9	11 990	8 124	3 866
吉　林	4 908.1	56 138.2	9 069	4 961	4 108
黑龙江	2 942.7	−28 524.9	8 801	4 519	4 282
上　海	20 043.6	644 322.3	1 663	799	864
江　苏	28 334.8	274 923.1	16 880	2 932	13 948
浙　江	42 952.8	475 787.8	29 429	14 534	14 895
安　徽	20 685.1	242 063.2	15 912	5 281	10 631
福　建	9 994.0	−58 306.7	14 885	9 668	5 217
江　西	13 120.2	378 470.0	16 163	7 240	8 923
山　东	64 307.9	538 884.6	81 989	39 483	42 506
河　南	18 701.4	143 404.4	45 381	33 214	12 167
湖　北	56 557.5	145 991.3	26 027	8 262	17 765
湖　南	22 063.0	105 907.3	39 608	18 592	21 016
广　东	280 770.1	962 912.5	20 012	5 312	14 700
广　西	15 484.8	114 866.5	14 475	8 540	5 935
海　南	1 152.0	172 035.5	1 571	501	1 070
重　庆	4 838.9	146 629.2	9 115	7 180	1 935
四　川	9 072.4	134 588.1	46 379	33 660	12 719
贵　州	4 258.6	71 594.5	12 743	7 890	4 853
云　南	19 269.2	534 661.1	13 514	7 052	6 462
陕　西	3 266.8	813 497.8	22 541	12 568	9 973
甘　肃	4 451.1	38 082.0	15 346	10 455	4 891
青　海	1 596.7	2 844.1	1 874	1 101	773
宁　夏	59.8	9 017.5	2 272	1 739	533
新　疆	3 695.2	63 498.9	8 490	2 209	6 281

(续)

地区	5万元以下的村	5万~10万元的村	10万~50万元的村	50万~100万元的村	100万元以上的村
全　国	**131 421**	**55 618**	**51 535**	**13 256**	**17 051**
北　京	276	166	731	308	713
天　津	581	286	571	167	323
河　北	13 018	5 448	3 792	1 031	565
山　西	3 826	1 484	1 554	388	397
内蒙古	1 352	931	465	90	105
辽　宁	1 794	741	886	205	240
吉　林	1 639	1 273	1 008	101	87
黑龙江	1 789	890	1 238	219	146
上　海	75	45	172	127	445
江　苏	1 253	1 141	5 923	2 273	3 358
浙　江	3 983	1 985	4 084	1 641	3 202
安　徽	5 986	2 367	1 793	335	150
福　建	2 329	826	1 317	398	347
江　西	4 783	2 355	1 350	266	169
山　东	22 203	8 669	7 853	1 840	1 941
河　南	6 886	2 588	1 756	518	419
湖　北	6 501	5 860	4 266	662	476
湖　南	13 565	4 829	2 110	302	210
广　东	5 651	3 308	2 742	746	2 253
广　西	4 153	1 003	578	101	100
海　南	532	236	223	38	41
重　庆	988	279	404	127	137
四　川	9 247	2 054	1 102	175	141
贵　州	2 302	1 354	884	200	113
云　南	3 960	814	1 009	290	389
陕　西	6 242	1 954	1 203	257	317
甘　肃	3 493	949	370	51	28
青　海	581	94	66	14	18
宁　夏	248	122	108	25	30
新　疆	2 185	1 567	1 977	361	191

（续）

地区	当年扩大再生产支出	当年公益性基础设施建设投入	各级财政投入	获得一事一议奖补资金
全　国	1 469 671.4	10 314 329.2	6 519 685.0	2 307 610.1
北　京	28 671.1	40 740.6	25 356.6	17 797.4
天　津	41 488.4	16 915.5	6 705.9	167.2
河　北	14 497.2	299 115.7	200 350.3	130 334.0
山　西	4 128.2	110 896.5	68 809.2	46 445.8
内蒙古	1 159.0	137 100.9	103 918.6	69 981.0
辽　宁	539.0	105 133.6	84 212.5	71 332.8
吉　林	3 365.0	113 776.0	91 759.0	31 203.6
黑龙江	1 201.7	41 019.0	18 943.8	9 590.3
上　海	21 897.6	23 900.9	3 711.8	980.9
江　苏	176 806.9	1 314 041.3	863 749.0	107 574.7
浙　江	233 329.6	1 520 253.3	573 407.0	109 413.5
安　徽	11 074.9	585 378.4	443 340.1	178 043.5
福　建	9 679.4	416 859.9	245 607.5	84 026.4
江　西	9 069.6	174 399.8	128 869.8	35 638.0
山　东	58 386.1	451 417.0	239 687.6	110 801.9
河　南	13 832.2	256 187.9	206 951.4	36 379.2
湖　北	29 581.3	517 940.0	316 979.7	128 988.4
湖　南	18 663.4	745 970.3	511 318.7	129 804.1
广　东	645 582.4	431 053.0	120 105.0	49 656.8
广　西	4 685.5	442 429.4	350 705.4	174 723.1
海　南	289.8	101 356.2	33 713.6	14 869.9
重　庆	6 952.9	309 991.0	272 751.0	35 746.4
四　川	96 394.5	843 375.5	601 359.7	254 379.0
贵　州	8 014.6	233 125.5	218 300.7	102 000.8
云　南	8 230.2	489 460.6	385 517.9	142 151.0
陕　西	10 274.6	274 390.8	161 273.4	56 490.6
甘　肃	4 159.3	224 654.3	170 476.6	133 967.9
青　海	35.1	17 500.2	12 824.7	2 944.0
宁　夏	32.4	37 558.3	32 033.4	29 640.5
新　疆	7 649.7	38 387.8	26 945.2	12 537.5

（续）

地区	当年村组织支付的公共服务费用	农村集体建设用地出租出让宗数	农村集体建设用地出租出让面积	农村集体建设用地出租出让的收入
全 国	**1 275 369.3**	**240 814**	**3 209 721**	**4 342 949.6**
北 京	12 452.9	7 021	103 429	119 574.7
天 津	7 253.3	326	2 691	9 674.8
河 北	26 451.9	679	206 648	43 839.7
山 西	7 135.4	182	5 988	11 483.0
内蒙古	3 234.4	0	0	0.0
辽 宁	4 370.6	27	2 806	14 570.7
吉 林	1 120.5	4	452	611.2
黑龙江	4 166.9	24	148 830	861.4
上 海	44 622.0	2 863	52 262	61 931.7
江 苏	125 075.0	35 168	376 729	221 996.7
浙 江	318 012.6	78 220	251 556	549 045.9
安 徽	13 272.1	286	6 869	1 009.9
福 建	41 620.5	1 313	8 589	29 144.9
江 西	6 559.8	221	6 245	3 463.4
山 东	51 043.9	829	23 185	34 055.9
河 南	6 586.0	377	21 782	8 801.0
湖 北	19 555.7	1 503	56 145	30 047.5
湖 南	26 417.8	44 090	408 012	18 340.2
广 东	462 947.9	63 723	282 525	3 033 514.9
广 西	4 188.8	524	314 389	9 136.6
海 南	654.3	79	154 103	379.6
重 庆	3 767.3	83	2 157	3 681.6
四 川	52 984.1	741	15 423	11 827.7
贵 州	8 459.0	647	667 509	5 905.3
云 南	10 881.2	711	8 507	13 454.1
陕 西	4 723.5	945	53 381	56 972.2
甘 肃	1 447.2	120	5 827	737.5
青 海	791.3	52	581	602.7
宁 夏	956.2	49	19 200	33 846.7
新 疆	4 617.1	7	3 901	14 438.3

表6　全国村集体经济组织资产负债情况统计总表

单位：万元

指标名称	数量	占总比%	比上年增长%
一、流动资产合计	**122 933 880. 9**	**100. 0**	**8. 0**
1. 货币资金	55 030 298. 2	44. 8	9. 9
2. 短期投资	5 558 353. 2	4. 5	6. 1
3. 应收款项	60 534 569. 4	49. 2	6. 6
4. 存货	1 810 660. 0	1. 5	6. 8
二、农业资产合计	**2 930 075. 2**	**100. 0**	**1. 8**
1. 牲畜（禽）资产	495 025. 7	16. 9	2. 8
2. 林木资产	2 435 049. 5	83. 1	1. 6
三、长期资产合计	**160 176 963. 5**	**100. 0**	**10. 7**
1. 长期投资	19 111 144. 6	11. 9	9. 6
2. 固定资产合计	135 085 084. 7	84. 3	11. 0
其中：当年新购建的	3 997 833. 3	2. 5	8. 9
（1）固定资产原值	109 450 536. 6	68. 3	11. 1
（2）减：累计折旧	14 134 610. 1	8. 8	12. 1
（3）固定资产净值	95 315 926. 5	59. 5	11. 0
（4）固定资产清理	705 959. 2	0. 4	−4. 7
（5）在建工程	39 063 199. 0	24. 4	11. 5
3. 其他资产	5 980 734. 2	3. 8	6. 8
四、资产总计	**286 040 919. 7**	—	**9. 4**
五、流动负债合计	**95 709 991. 3**	**100. 0**	**9. 9**

（续）

指标名称	数量	占总比%	比上年增长%
1. 短期借款	9 925 059.7	10.4	1.6
2. 应付款项	83 910 083.5	87.7	11.2
3. 应付工资	1 067 792.3	1.1	4.4
4. 应付福利费	807 055.8	0.8	−5.9
六、长期负债合计	**17 198 510.3**	**100.0**	**10.3**
1. 长期借款及应付款	15 983 040.9	92.9	9.9
2. 一事一议资金	1 215 469.4	7.1	15.6
七、所有者权益合计	**173 132 418.1**	**100.0**	**8.2**
1. 资本	40 879 007.9	23.6	2.8
2. 公积公益金	128 477 748.0	74.2	9.9
3. 未分配收益	3 775 662.3	2.2	13.9
八、负债及所有者权益合计	**286 040 919.7**	**—**	**8.9**
九、附报：			
1. 经营性固定资产原值	25 715 793.3	—	5.4
2. 负债合计	112 908 501.6	100.0	9.9
其中：(1) 经营性负债	11 610 965.8	10.3	7.4
(2) 兴办公益事业负债	11 152 574.7	9.9	1.2
其中：①义务教育负债	603 425.7	0.5	−6.2
②道路建设负债	4 819 979.3	4.3	−1.2
③兴修水电设施负债	1 339 893.6	1.2	−2.8
④卫生文化设施负债	1 033 665.5	0.9	14.2
3. 当年新增负债	3 495 253.7	—	2.4

表 6-1　各地区村集体经济组织资产负债情况统计表

地区	流动资产合计	货币资金	短期投资	应收款项
全　国	**122 933 880. 9**	**55 030 298. 2**	**5 558 353. 2**	**60 534 569. 4**
北　京	17 412 461. 4	8 337 977. 7	891 444. 1	8 065 198. 1
天　津	4 838 815. 4	880 742. 8	130 927. 3	3 634 460. 9
河　北	3 116 084. 1	1 788 574. 7	106 937. 4	1 184 244. 5
山　西	4 894 726. 8	1 045 630. 3	148 740. 4	3 669 224. 3
内蒙古	1 390 986. 6	292 499. 9	4 603. 8	1 083 370. 6
辽　宁	3 057 277. 5	1 458 682. 8	105 001. 8	1 469 415. 8
吉　林	1 672 431. 9	551 900. 6	56 982. 3	1 044 201. 4
黑龙江	2 223 223. 9	557 302. 7	37 643. 2	1 613 173. 8
上　海	5 319 653. 9	2 123 192. 5	349 320. 4	2 649 212. 3
江　苏	10 541 823. 6	2 995 698. 1	851 343. 6	6 666 802. 0
浙　江	15 888 704. 3	8 810 677. 2	897 276. 6	6 114 415. 2
安　徽	1 083 845. 6	588 357. 6	27 219. 8	457 797. 6
福　建	3 705 667. 4	2 592 261. 8	80 720. 8	1 026 593. 2
江　西	1 151 003. 7	476 831. 5	24 556. 5	634 573. 9
山　东	13 718 470. 3	3 498 016. 5	454 867. 7	9 039 578. 3
河　南	1 898 661. 4	792 991. 3	102 457. 5	949 995. 3
湖　北	3 024 579. 2	1 272 658. 2	89 387. 9	1 642 544. 5
湖　南	1 606 631. 6	705 842. 0	34 982. 4	845 996. 3
广　东	19 157 296. 3	11 727 514. 5	1 012 433. 2	6 259 526. 3
广　西	301 618. 6	248 338. 4	11 200. 0	39 558. 7
海　南	207 955. 6	200 499. 5	1 042. 8	6 067. 9
重　庆	734 190. 8	488 592. 1	18 271. 1	217 584. 7
四　川	1 380 022. 8	652 121. 5	29 047. 8	685 981. 7
贵　州	299 843. 7	176 618. 0	4 993. 3	113 592. 5
云　南	2 391 567. 7	1 816 619. 8	21 372. 7	547 640. 8
陕　西	561 834. 2	338 846. 3	45 330. 1	159 326. 6
甘　肃	296 688. 8	164 404. 4	10 746. 7	118 359. 6
青　海	71 742. 0	34 030. 7	317. 5	37 160. 9
宁　夏	190 803. 6	99 355. 4	2 539. 8	88 847. 4
新　疆	795 268. 2	313 519. 6	6 644. 6	470 124. 3

（续）

地区	存货	农业资产合计	牲畜（禽）资产	林木资产
全　国	1 810 660.0	2 930 075.2	495 025.7	2 435 049.5
北　京	117 841.5	0.0	0.0	0.0
天　津	192 684.5	10 967.8	997.0	9 970.8
河　北	36 327.5	131 058.5	30 672.7	100 385.8
山　西	31 131.8	61 633.0	2 707.7	58 925.3
内蒙古	10 512.2	28 570.1	13 666.8	14 903.3
辽　宁	24 177.1	61 701.5	4 001.2	57 700.3
吉　林	19 347.5	12 957.3	1 876.1	11 081.2
黑龙江	15 104.2	77 466.5	624.5	76 842.0
上　海	197 928.6	3 378.2	0.0	3 378.2
江　苏	27 980.0	66 446.2	1 549.2	64 897.1
浙　江	66 335.4	157 888.4	881.2	157 007.2
安　徽	10 470.6	236 455.0	788.9	235 666.1
福　建	6 091.6	20 195.5	1 495.5	18 700.0
江　西	15 041.8	96 167.3	29 438.4	66 728.9
山　东	726 007.8	177 669.1	28 817.7	148 851.4
河　南	53 217.3	277 487.8	95 929.5	181 558.3
湖　北	19 988.7	211 309.0	23 538.2	187 770.9
湖　南	19 810.9	321 018.5	78 412.0	242 606.5
广　东	157 822.4	83 019.9	15 083.0	67 936.9
广　西	2 521.5	109 378.9	8 928.7	100 450.2
海　南	345.4	23 903.9	9 224.3	14 679.6
重　庆	9 742.8	166 813.4	4 895.1	161 918.3
四　川	12 871.8	66 599.9	16 726.3	49 873.6
贵　州	4 640.0	165 700.0	51 880.7	113 819.3
云　南	5 934.4	167 773.8	10 940.5	156 833.3
陕　西	18 331.2	66 471.7	29 416.4	37 055.3
甘　肃	3 178.1	64 510.1	21 720.6	42 789.5
青　海	232.9	7 148.1	370.2	6 778.0
宁　夏	61.0	448.4	38.4	410.0
新　疆	4 979.7	55 937.3	10 405.0	45 532.3

（续）

地 区	长期资产合计	长期投资	固定资产合计	当年新购建的	固定资产原值
全　　国	160 176 963.5	19 111 144.6	135 085 084.7	3 997 833.3	109 450 536.6
北　　京	10 629 578.8	3 336 200.3	6 840 894.1	47 292.5	5 467 135.3
天　　津	5 021 274.9	830 359.6	4 112 783.5	52 109.8	1 913 744.9
河　　北	5 392 390.8	467 093.1	4 800 766.4	124 094.2	4 224 595.6
山　　西	7 480 954.9	503 658.5	6 897 161.4	64 793.9	3 942 775.9
内 蒙 古	2 038 810.9	90 131.8	1 920 889.6	21 077.2	1 188 731.8
辽　　宁	2 696 658.5	345 301.2	2 247 511.9	26 030.5	1 874 123.9
吉　　林	1 458 975.7	170 655.0	1 245 280.9	18 465.7	965 815.0
黑 龙 江	1 557 844.8	96 376.6	1 441 173.1	29 012.1	1 262 879.1
上　　海	3 212 111.6	820 090.4	2 328 679.9	68 678.8	2 763 860.1
江　　苏	13 222 092.1	3 531 564.0	9 454 251.5	357 921.8	8 064 808.9
浙　　江	25 831 999.6	2 303 212.0	22 959 571.6	833 910.0	13 289 660.0
安　　徽	2 344 798.9	162 933.9	2 151 613.4	116 437.0	2 105 961.2
福　　建	4 793 412.3	218 676.9	4 543 597.4	149 365.4	2 900 238.5
江　　西	1 419 529.5	125 547.1	1 261 795.5	30 458.3	921 911.5
山　　东	18 678 389.7	1 907 414.5	16 230 630.9	311 950.5	10 727 417.3
河　　南	3 484 687.2	346 592.6	3 065 273.6	71 077.3	3 084 844.3
湖　　北	5 473 120.3	327 661.9	5 030 169.4	190 788.8	4 326 820.2
湖　　南	2 251 986.4	167 935.1	1 986 646.5	95 187.5	1 591 985.5
广　　东	28 756 616.2	2 820 489.6	23 042 961.2	944 934.4	26 360 778.3
广　　西	1 381 220.9	34 197.9	1 340 699.4	46 459.9	1 361 857.9
海　　南	118 272.4	3 937.8	111 509.8	4 087.5	118 652.8
重　　庆	2 610 706.3	29 487.6	2 547 355.5	33 702.2	2 590 136.4
四　　川	1 761 299.9	115 642.2	1 563 514.0	47 348.1	1 417 452.5
贵　　州	347 064.9	47 919.0	287 974.9	37 693.9	247 093.1
云　　南	4 190 830.3	125 057.8	3 932 353.9	117 541.5	3 268 003.2
陕　　西	1 444 399.6	101 581.6	1 272 702.2	51 924.0	1 300 327.2
甘　　肃	1 098 091.2	28 605.5	1 059 980.6	54 574.8	1 029 005.2
青　　海	244 250.7	14 536.9	221 969.0	7 705.6	206 264.0
宁　　夏	342 526.4	19 078.8	323 416.7	3 504.4	183 669.5
新　　疆	893 067.8	19 205.4	861 956.3	39 705.6	749 987.6

（续）

地区	累计折旧	固定资产净值	固定资产清理	在建工程	其他资产
全　国	14 134 610.1	95 315 926.5	705 959.2	39 063 199.0	5 980 734.2
北　京	966 882.0	4 500 253.3	66 499.5	2 274 141.3	452 484.4
天　津	282 521.2	1 631 223.7	1 659.0	2 479 900.7	78 131.9
河　北	521 580.5	3 703 015.1	52 094.0	1 045 657.3	124 531.3
山　西	108 837.0	3 833 938.9	9 369.0	3 053 853.5	80 135.0
内蒙古	74 957.9	1 113 773.9	12 919.0	794 196.6	27 789.5
辽　宁	142 874.1	1 731 249.7	4 156.5	512 105.7	103 845.3
吉　林	19 740.6	946 074.5	8 880.8	290 325.7	43 039.8
黑龙江	16 186.5	1 246 692.6	6 581.8	187 898.8	20 295.1
上　海	755 448.0	2 008 412.1	12 146.7	308 121.2	63 341.3
江　苏	529 587.3	7 535 221.7	9 448.2	1 909 581.7	236 276.6
浙　江	781 909.9	12 507 750.1	−14 110.7	10 465 932.2	569 216.1
安　徽	171 814.9	1 934 146.3	33 129.5	184 337.6	30 251.6
福　建	93 036.9	2 807 201.6	10 448.2	1 725 948.0	31 137.6
江　西	38 559.1	883 352.4	16 067.0	362 376.1	32 186.9
山　东	1 309 896.4	9 417 520.9	40 001.5	6 773 108.5	540 344.3
河　南	338 896.7	2 745 947.6	40 991.9	278 334.1	72 820.9
湖　北	108 243.1	4 218 577.1	72 519.4	739 073.3	115 288.7
湖　南	111 969.4	1 480 016.0	47 213.0	459 417.5	97 404.8
广　东	7 097 896.4	19 262 881.9	107 312.9	3 672 766.3	2 893 165.4
广　西	110 410.4	1 251 447.5	17 794.4	71 457.5	6 323.6
海　南	19 924.3	98 728.4	7 780.2	5 001.1	2 824.8
重　庆	161 666.4	2 428 470.0	19 032.2	99 853.3	33 863.2
四　川	62 352.4	1 355 100.1	23 437.3	184 976.6	82 143.7
贵　州	12 199.4	234 893.6	7 732.5	45 348.8	11 171.0
云　南	66 081.4	3 201 921.8	28 453.3	701 978.8	133 418.6
陕　西	152 236.3	1 148 090.9	30 552.7	94 058.0	70 115.8
甘　肃	35 147.2	993 858.0	22 068.1	44 054.5	9 505.1
青　海	12 728.3	193 535.7	1 670.6	26 762.8	7 744.8
宁　夏	696.6	182 972.8	200.9	140 242.9	30.9
新　疆	30 329.3	719 658.2	9 910.0	132 388.0	11 906.2

（续）

地区	资产总计	流动负债合计	短期借款	应付款项	应付工资
全　国	286 040 919.7	95 709 991.3	9 925 059.7	83 910 083.5	1 067 792.3
北　京	28 042 040.2	12 303 402.4	290 382.5	11 932 761.9	80 258.0
天　津	9 871 058.2	6 241 916.2	271 486.0	5 944 060.1	17 240.7
河　北	8 639 533.5	2 489 312.5	255 178.0	2 147 494.3	57 303.6
山　西	12 437 314.7	6 480 178.1	240 806.7	6 386 491.8	35 180.3
内蒙古	3 458 367.6	1 457 820.0	138 017.8	1 348 072.2	9 310.2
辽　宁	5 815 637.5	1 584 555.7	261 911.2	1 288 215.8	41 410.7
吉　林	3 144 364.8	1 057 244.4	131 577.8	919 274.0	6 073.7
黑龙江	3 858 535.3	1 375 563.2	190 739.0	1 171 586.0	8 930.4
上　海	8 535 143.6	2 959 555.1	159 885.6	2 761 433.4	35 758.6
江　苏	23 830 362.0	7 712 409.4	682 699.3	6 810 485.2	133 514.9
浙　江	41 878 592.3	12 840 370.7	1 819 303.3	10 649 518.3	32 046.8
安　徽	3 665 099.5	705 812.3	132 218.6	552 554.2	16 246.2
福　建	8 519 275.2	3 442 268.2	134 150.6	3 285 743.8	22 491.3
江　西	2 666 700.5	1 022 910.8	104 492.2	878 116.1	30 085.4
山　东	32 574 529.1	12 248 538.3	2 608 056.8	9 308 938.6	195 057.6
河　南	5 660 836.4	1 525 226.0	302 946.4	1 142 121.8	36 046.7
湖　北	8 709 008.6	1 252 359.6	254 940.5	967 130.8	21 616.2
湖　南	4 179 636.5	1 510 664.7	253 844.8	1 175 688.6	58 939.7
广　东	47 996 932.4	13 345 534.7	1 180 531.7	11 776 073.7	156 900.8
广　西	1 792 218.5	171 591.4	41 217.3	116 815.5	12 207.0
海　南	350 132.0	62 008.3	3 681.9	55 739.6	890.7
重　庆	3 511 710.4	461 821.8	23 412.4	427 524.4	2 739.7
四　川	3 207 922.6	1 032 934.1	178 922.9	825 004.1	12 874.3
贵　州	812 608.6	251 899.9	29 766.4	212 558.5	4 108.3
云　南	6 750 171.8	877 379.1	40 279.5	821 526.1	5 503.9
陕　西	2 072 705.5	399 451.0	85 817.0	272 789.5	26 363.8
甘　肃	1 459 290.1	195 839.9	35 626.0	155 715.6	2 884.4
青　海	323 140.9	52 161.8	2 214.6	47 464.6	195.3
宁　夏	533 778.4	126 702.2	18 078.4	108 223.0	245.1
新　疆	1 744 273.3	522 559.4	52 874.1	420 962.0	5 367.9

（续）

地区	应付福利费	长期负债合计	长期借款及应付款	一事一议资金	所有者权益合计
全　国	**807 055.8**	**17 198 510.3**	**15 983 040.9**	**1 215 469.4**	**173 132 418.1**
北　京	0.0	1 935 613.8	1 923 592.5	12 021.3	13 803 024.0
天　津	9 129.4	295 041.6	295 026.5	15.0	3 334 100.4
河　北	29 336.6	342 736.2	272 109.6	70 626.6	5 807 484.8
山　西	−182 300.7	390 354.9	339 343.4	51 011.5	5 566 781.7
内蒙古	−37 580.1	65 952.7	64 135.0	1 817.7	1 934 594.8
辽　宁	−6 982.1	275 504.1	260 814.7	14 689.4	3 955 577.6
吉　林	318.8	153 139.0	141 058.6	12 080.4	1 933 981.4
黑龙江	4 307.8	484 208.8	486 085.6	−1 876.8	1 998 763.3
上　海	2 477.5	1 534 937.2	1 529 042.2	5 895.0	4 040 651.3
江　苏	85 710.0	563 507.1	517 606.4	45 900.6	15 554 445.5
浙　江	339 502.3	4 349 600.6	4 017 025.2	332 575.4	24 688 621.1
安　徽	4 793.3	327 809.9	295 571.7	32 238.2	2 631 477.3
福　建	−117.4	388 557.6	263 715.8	124 841.8	4 688 449.4
江　西	10 217.1	161 207.7	147 092.2	14 115.4	1 482 582.0
山　东	136 485.3	1 156 301.6	1 059 656.1	96 645.5	19 169 689.2
河　南	44 111.2	577 642.5	561 844.9	15 797.6	3 557 967.8
湖　北	8 672.0	658 013.8	629 155.3	28 858.4	6 798 635.2
湖　南	22 191.5	484 664.2	438 743.2	45 921.0	2 184 307.6
广　东	232 028.5	2 046 563.4	1 989 465.0	57 098.4	32 604 834.3
广　西	1 351.5	70 731.3	56 792.2	13 939.1	1 549 895.8
海　南	1 696.2	4 837.5	3 274.2	1 563.3	283 286.2
重　庆	8 145.4	47 845.2	24 177.3	23 667.9	3 002 043.3
四　川	16 132.8	275 426.9	204 411.6	71 015.3	1 899 561.6
贵　州	5 466.7	56 071.5	29 891.3	26 180.2	504 637.2
云　南	10 069.6	154 800.3	128 089.3	26 711.0	5 717 992.4
陕　西	14 480.8	206 163.2	172 910.3	33 252.9	1 467 091.3
甘　肃	1 613.9	99 426.9	69 331.2	30 095.7	1 164 023.3
青　海	2 287.2	11 865.7	11 378.6	487.2	259 113.3
宁　夏	155.3	12 323.8	8 513.0	3 810.8	394 752.4
新　疆	43 355.4	67 661.4	43 187.9	24 473.4	1 154 052.6

（续）

地区	资本	公积公益金	未分配收益	负债及所有者权益合计
全　国	**40 879 007.9**	**128 477 748.0**	**3 775 662.3**	**286 040 919.7**
北　京	2 259 541.6	12 664 289.8	−1 120 807.4	28 042 040.2
天　津	756 164.5	2 711 047.4	−133 111.5	9 871 058.2
河　北	1 292 950.6	4 327 761.5	186 772.8	8 639 533.5
山　西	1 156 453.2	4 444 005.7	−33 677.2	12 437 314.7
内蒙古	382 052.4	1 539 345.6	13 196.8	3 458 367.6
辽　宁	834 737.8	3 283 719.6	−162 879.8	5 815 637.5
吉　林	364 115.5	1 588 291.1	−18 425.2	3 144 364.8
黑龙江	315 004.5	1 717 578.3	−33 819.5	3 858 535.3
上　海	771 888.1	2 624 440.9	644 322.3	8 535 143.6
江　苏	2 938 515.4	12 244 765.2	371 164.8	23 830 362.0
浙　江	3 488 629.8	20 724 203.5	475 787.8	41 878 592.3
安　徽	1 090 105.5	1 214 249.6	327 122.2	3 665 099.5
福　建	524 380.1	4 150 781.6	13 287.7	8 519 275.2
江　西	486 933.4	899 124.0	96 524.6	2 666 700.5
山　东	3 536 443.5	15 162 093.7	471 152.0	32 574 529.1
河　南	1 497 772.7	1 940 576.6	119 618.5	5 660 836.4
湖　北	1 160 981.8	5 491 662.2	145 991.3	8 709 008.6
湖　南	677 338.9	1 382 065.0	124 903.6	4 179 636.5
广　东	9 834 838.9	21 709 717.0	1 060 278.4	47 996 932.4
广　西	1 269 130.0	211 934.8	68 831.0	1 792 218.5
海　南	135 979.8	84 618.9	62 687.5	350 132.0
重　庆	1 383 297.5	1 469 265.3	149 480.6	3 511 710.4
四　川	649 662.9	1 151 810.2	98 088.5	3 207 922.6
贵　州	319 767.7	146 800.2	38 069.2	812 608.6
云　南	1 602 985.2	3 641 577.0	473 430.2	6 750 171.8
陕　西	812 510.4	434 510.9	220 070.0	2 072 705.5
甘　肃	726 178.7	388 643.6	49 201.0	1 459 290.1
青　海	149 341.3	107 210.9	2 561.1	323 140.9
宁　夏	115 296.6	269 376.6	10 079.2	533 778.4
新　疆	346 009.6	752 281.3	55 761.6	1 744 273.3

（续）

地区	经营性固定资产原值	负债合计	经营性负债	兴办公益事业负债
全　国	**25 715 793.3**	**112 908 501.6**	**11 610 965.8**	**11 152 574.7**
北　京	789 279.6	14 239 016.2	117 147.9	1 102.8
天　津	689 930.5	6 536 957.8	69 055.3	80 060.3
河　北	212 599.6	2 832 048.6	85 413.5	250 255.4
山　西	202 171.2	6 870 533.0	252 979.8	948 658.4
内蒙古	51 374.3	1 523 772.8	49 758.0	201 817.4
辽　宁	305 496.5	1 860 059.9	116 685.7	212 580.0
吉　林	63 715.3	1 210 383.4	86 342.6	282 021.1
黑龙江	41 332.1	1 859 772.0	119 491.8	972 353.0
上　海	1 566 778.1	4 494 492.3	664 341.1	151 420.6
江　苏	2 941 652.1	8 275 916.5	1 280 711.7	1 059 590.9
浙　江	4 615 428.5	17 189 971.2	1 766 015.5	1 557 211.4
安　徽	133 933.9	1 033 622.6	66 913.3	355 581.8
福　建	232 804.9	3 830 825.8	52 908.4	315 016.0
江　西	48 084.4	1 184 118.5	23 253.3	197 307.7
山　东	1 628 365.9	13 404 839.9	2 410 945.1	1 218 934.6
河　南	142 930.2	2 102 868.6	203 457.0	368 755.9
湖　北	296 799.7	1 910 373.4	319 647.8	828 844.7
湖　南	101 567.0	1 995 328.9	125 983.3	623 604.5
广　东	10 985 762.6	15 392 098.1	3 441 353.9	556 992.0
广　西	122 515.2	242 322.7	92 890.6	13 835.7
海　南	3 459.3	66 845.8	818.6	1 145.1
重　庆	57 995.8	509 667.1	17 429.9	92 067.8
四　川	82 463.4	1 308 361.0	50 667.8	314 957.6
贵　州	22 830.5	307 971.4	17 598.6	11 989.1
云　南	80 800.5	1 032 179.4	22 763.6	156 575.4
陕　西	160 176.7	605 614.2	57 789.1	138 858.4
甘　肃	30 932.8	295 266.8	13 821.5	82 872.6
青　海	6 804.1	64 027.5	254.3	1 707.3
宁　夏	31 932.8	139 026.0	36 972.9	25 674.1
新　疆	65 875.7	590 220.7	47 554.0	130 783.0

（续）

地区	义务教育负债	道路建设负债	兴修水电设施负债	卫生文化设施负债	当年新增负债
全　国	603 425.7	4 819 979.3	1 339 893.6	1 033 665.5	3 495 253.7
北　京	0.0	707.8	14.0	150.6	18 564.7
天　津	3 383.2	43 176.3	12 446.2	10 021.1	272 876.0
河　北	9 492.3	131 904.7	34 996.6	21 705.2	20 560.9
山　西	40 161.4	283 333.0	92 115.1	99 695.4	89 468.4
内蒙古	9 244.0	106 159.9	46 411.7	21 845.8	5 481.7
辽　宁	22 688.8	111 157.4	26 915.7	21 509.9	15 179.2
吉　林	7 180.7	189 476.6	29 699.4	17 768.3	5 731.7
黑龙江	101 274.5	502 924.8	111 712.3	98 344.0	30 263.0
上　海	58.7	21 382.9	5 494.4	3 117.0	178 563.7
江　苏	21 336.1	447 434.5	72 147.3	72 327.7	597 244.0
浙　江	3 079.5	438 045.1	139 615.0	194 463.1	825 867.2
安　徽	10 586.6	178 676.3	58 323.0	24 418.9	33 247.9
福　建	6 278.6	181 273.5	20 120.1	26 826.4	89 083.5
江　西	18 747.0	108 396.7	19 499.7	14 047.2	11 722.5
山　东	34 073.8	566 054.7	155 694.5	107 442.7	735 532.2
河　南	95 046.4	131 058.9	46 321.3	35 282.4	13 383.6
湖　北	83 968.0	471 593.0	163 883.3	71 589.9	44 644.1
湖　南	50 162.6	281 738.8	137 109.1	62 796.4	49 301.1
广　东	40 349.4	139 234.1	34 883.0	50 905.8	316 299.1
广　西	1 857.5	6 200.7	1 725.5	1 622.1	2 426.7
海　南	2.0	376.5	41.6	169.3	29.0
重　庆	608.9	65 759.3	9 415.3	2 420.1	61 507.3
四　川	21 001.2	174 755.5	32 260.9	8 904.9	9 561.8
贵　州	1 122.5	6 685.6	517.1	467.1	1 252.4
云　南	5 931.4	83 389.8	14 706.8	22 060.9	33 947.5
陕　西	10 544.9	62 599.9	14 273.1	17 412.7	14 807.9
甘　肃	1 368.7	34 884.2	9 739.8	9 081.9	8 279.3
青　海	10.0	257.2	1 090.3	22.2	44.8
宁　夏	0.0	8 974.0	5 139.0	2 956.2	2 435.0
新　疆	3 867.0	42 367.6	43 582.5	14 290.6	7 947.3

表7 全国农村集体资产财务管理情况统计总表

单位：个、件、万元、人

指标名称	数量	比上年增长%
一、产权制度改革情况		
（一）完成产权制度改革的村数	58 122	23.4
1. 量化资产总额	60 738 287.2	24.6
2. 股东总数	81 738 825	31.1
其中：（1）集体股东	58 303	1.5
（2）社员个人股东	78 767 735	29.3
3. 累计股金分红总额	15 932 849.8	18.7
其中：当年股金分红总额	2 567 920.6	11.3
（1）集体股股东分红总额	431 145.4	−2.5
（2）个人股股东分红总额	2 005 916.8	12.2
4. 当年上交税金总额	704 581.9	44.4
（二）完成产权制度改革的组数	47 451	−16.5
1. 量化资产总额	13 437 026.3	−21.2
2. 股东总数	7 165 929	7.6
其中：（1）集体股东	78 857	−37.1
（2）社员个人股东	6 357 354	5.6
3. 累计股金分红总额	9 982 787.1	9.3
其中：当年股金分红总额	1 543 237.0	5.9
二、农村财务管理情况		
1. 实行财务公开村数	588 255	−0.8

（续）

指标名称	数量	比上年增长%
2. 建立村民主理财小组的村数	574 687	−0.4
3. 实行村会计委托代理制的乡镇数	30 864	0.0
其中：涉及村数	524 924	0.2
4. 实行会计电算化的村数	362 321	1.2
三、农村集体经济审计情况		
1. 已审单位数	382 629	−8.5
其中：违纪单位个数	7 131	−13.8
2. 已审单位资金总额	129 767 681.0	15.5
其中：违纪金额	50 341.6	−14.4
退赔金额	13 685.1	−7.0
3. 贪污案件数	344	−40.6
其中：万元以上贪污案件数	235	−38.2
4. 贪污金额总数	2 103.3	−39.7
5. 受处分人数	2 425	−1.7
其中：受刑事处理人数	231	−23.8
6. 已成立审计机构的县数	1 091	−3.6
7. 已配备审计人员数	48 834	1.0
其中：持审计证人员数	31 478	−0.1
四、附报		
村干部任期和离任审计数	668 744	213.6
土地补偿费专项审计数	10 950	−52.8

表 7-1 各地区农村集体资产财务管理情况统计表

地区	完成产权制度改革的村数	量化资产总额	股东总数	集体股东
全　　国	58 122	60 738 287.2	81 738 825	58 303
北　京	3 892	8 302 869.3	3 292 466	3 342
天　津	80	508 504.1	155 261	437
河　北	63	152 367.0	54 219	39
山　西	36	267 662.6	58 548	7
内蒙古	0	0.0	0	0
辽　宁	69	304 892.8	87 032	340
吉　林	0	0.0	0	0
黑龙江	0	0.0	0	0
上　海	1 434	4 487 841.8	4 993 410	745
江　苏	6 403	5 495 447.3	15 295 071	28 052
浙　江	29 143	11 723 670.7	38 797 360	783
安　徽	97	101 579.9	137 406	36
福　建	16	48 574.7	21 835	4
江　西	47	50 537.5	29 944	2 828
山　东	9 661	7 467 985.3	7 633 693	6 492
河　南	587	398 308.9	242 106	692
湖　北	286	888 132.6	387 232	228
湖　南	605	72 808.1	58 181	345
广　东	1 816	19 258 011.1	5 584 921	3 759
广　西	15	35 090.2	73 567	182
海　南	347	1 864.1	20	0
重　庆	233	115 521.3	782 195	1 242
四　川	3 003	691 156.7	3 880 436	8 580
贵　州	0	0.0	0	0
云　南	53	246 353.5	93 456	60
陕　西	211	100 485.4	61 671	91
甘　肃	14	4 202.5	8 206	5
青　海	7	4 944.6	4 141	13
宁　夏	4	9 475.1	6 448	1
新　疆	0	0.0	0	0

（续）

地 区	社员个人股东	累计股金分红总额	当年股金分红总额	集体股股东分红总额
全　　国	**78 767 735**	**15 932 849.8**	**2 567 920.6**	**431 145.4**
北　　京	3 289 124	2 069 329.0	450 104.0	67 845.6
天　　津	154 824	108 203.7	4 557.9	0.0
河　　北	45 994	8 446.2	237.1	18.0
山　　西	58 541	1 127.0	0.0	0.0
内　蒙　古	0	0.0	0.0	0.0
辽　　宁	76 985	117 917.0	34 448.6	1 670.0
吉　　林	0	0.0	0.0	0.0
黑　龙　江	0	0.0	0.0	0.0
上　　海	4 975 509	475 615.5	113 030.0	6 491.2
江　　苏	14 668 043	983 680.3	182 260.8	11 662.0
浙　　江	36 733 652	2 538 952.7	463 419.5	2 594.7
安　　徽	130 443	3 075.3	981.3	0.0
福　　建	21 831	687.9	63.2	19.0
江　　西	27 116	5 287.5	1 152.8	376.1
山　　东	7 587 432	216 401.6	38 348.3	6 460.5
河　　南	230 915	43 953.0	21 324.4	1 221.3
湖　　北	387 004	32 653.9	8 940.3	1 602.5
湖　　南	57 481	13 991.6	3 945.9	42.3
广　　东	5 566 923	9 055 938.3	1 220 686.9	330 464.6
广　　西	73 385	25 903.9	3 783.7	51.0
海　　南	20	90.0	0.0	0.0
重　　庆	780 951	10 072.1	2 423.5	18.4
四　　川	3 750 017	22 044.5	1 629.7	20.0
贵　　州	0	0.0	0.0	0.0
云　　南	88 797	195 998.2	15 591.8	454.1
陕　　西	44 711	3 061.5	695.1	120.9
甘　　肃	8 201	0.0	0.0	0.0
青　　海	3 389	159.1	35.8	13.3
宁　　夏	6 447	260.0	260.0	0.0
新　　疆	0	0.0	0.0	0.0

（续）

地　区	个人股股东分红总额	当年上交税金总额	完成产权制度改革的组数	量化资产总额
全　　国	**2 005 916.8**	**704 581.9**	**47 451**	**13 437 026.3**
北　京	382 258.3	109 279.3	0	0.0
天　津	4 557.9	715.0	0	0.0
河　北	219.1	3.4	1	56.0
山　西	0.0	145.2	0	0.0
内蒙古	0.0	0.0	0	0.0
辽　宁	31 625.3	58.0	45	34 011.0
吉　林	0.0	119.3	47	0.0
黑龙江	0.0	0.0	0	0.0
上　海	94 099.1	51 463.5	0	0.0
江　苏	140 568.6	46 772.9	6 721	249 432.8
浙　江	455 631.5	331 543.4	0	0.0
安　徽	890.5	27.5	1	20.0
福　建	44.2	41.0	10	4 694.4
江　西	776.8	507.5	125	4 816.3
山　东	31 877.7	19 675.8	350	123 421.8
河　南	19 131.5	682.5	329	331 041.6
湖　北	7 337.8	2 673.0	947	115 141.8
湖　南	1 371.4	0.5	5 207	1 629.9
广　东	815 963.2	140 089.9	9 409	11 750 730.5
广　西	3 726.7	90.0	1 832	25 068.2
海　南	0.0	0.0	756	0.0
重　庆	2 405.1	94.3	901	56 371.8
四　川	1 543.8	107.3	20 029	518 666.7
贵　州	0.0	0.0	0	0.0
云　南	11 043.7	463.6	310	218 971.2
陕　西	562.1	29.1	421	2 952.2
甘　肃	0.0	0.0	10	0.0
青　海	22.4	0.0	0	0.0
宁　夏	260.0	0.0	0	0.0
新　疆	0.0	0.0	0	0.0

（续）

地区	股东总数	集体股东	社员 个人股东	累计股金 分红总额	当年股金 分红总额
全　国	7 165 929	78 857	6 357 354	9 982 787.1	1 543 237.0
北　京	0	0	0	0.0	0.0
天　津	0	0	0	0.0	0.0
河　北	60	0	60	10.0	10.0
山　西	0	0	0	0.0	0.0
内蒙古	0	0	0	0.0	0.0
辽　宁	5 600	4	0	6 191.0	1 670.0
吉　林	0	0	0	0.0	0.0
黑龙江	0	0	0	0.0	0.0
上　海	0	0	0	0.0	0.0
江　苏	591 791	54 729	532 093	18 429.2	9 840.3
浙　江	0	0	0	0.0	0.0
安　徽	59	0	59	2.6	0.8
福　建	3 354	1	3 353	0.0	0.0
江　西	15 929	2 809	13 120	32.5	11.7
山　东	104 572	262	100 290	2 363.6	423.7
河　南	100 148	57	100 091	29 760.9	17 396.2
湖　北	49 579	353	49 226	1 945.0	769.8
湖　南	181 291	10	181 271	3 693.6	569.2
广　东	3 515 673	15 398	3 494 468	9 628 191.9	1 479 252.0
广　西	78 616	183	78 433	23 582.2	4 113.6
海　南	0	0	0	0.0	0.0
重　庆	351 098	1 247	349 851	10 153.9	1 763.2
四　川	2 063 073	3 705	1 367 698	7 225.9	3 152.2
贵　州	0	0	0	0.0	0.0
云　南	100 087	79	87 183	251 149.7	24 264.4
陕　西	4 999	20	158	15.0	0.0
甘　肃	0	0	0	40.0	0.0
青　海	0	0	0	0.0	0.0
宁　夏	0	0	0	0.0	0.0
新　疆	0	0	0	0.0	0.0

（续）

地区	实行财务公开村数	建立村民主理财小组的村数	实行村会计委托代理制的乡镇数	涉及村数	实行会计电算化的村数
全　国	**588 255**	**574 687**	**30 864**	**524 924**	**362 321**
北　京	3 960	3 958	179	3 845	3 919
天　津	3 723	3 686	150	3 606	3 055
河　北	47 545	47 374	1 778	42 732	21 044
山　西	28 269	28 273	1 320	28 249	26 625
内蒙古	10 982	10 519	663	8 613	4 222
辽　宁	12 247	12 220	1 118	11 942	7 742
吉　林	9 313	9 312	683	9 196	9 112
黑龙江	8 925	8 907	830	8 265	6 998
上　海	1 584	1 584	100	1 474	1 584
江　苏	17 588	17 601	1 051	15 297	15 829
浙　江	29 394	29 429	1 265	29 429	27 596
安　徽	15 912	15 912	1 368	15 798	15 912
福　建	14 857	14 855	1 005	14 731	14 498
江　西	16 631	16 044	1 369	15 645	7 009
山　东	81 821	81 658	1 646	75 879	61 282
河　南	45 300	44 309	1 835	39 881	15 784
湖　北	26 021	26 020	1 154	26 018	23 971
湖　南	39 794	39 814	2 010	37 558	26 548
广　东	20 004	19 591	1 163	17 663	16 378
广　西	13 123	12 139	600	7 705	1 954
海　南	2 277	1 955	81	1 017	374
重　庆	9 195	9 085	904	8 732	6 940
四　川	47 770	46 688	3 309	38 213	19 270
贵　州	16 074	9 536	831	10 075	743
云　南	13 481	13 306	1 370	13 438	8 429
陕　西	22 047	21 399	835	13 848	4 119
甘　肃	15 490	14 790	1 071	14 143	2 859
青　海	3 943	3 817	283	2 596	510
宁　夏	2 272	2 272	205	2 272	2 098
新　疆	8 713	8 634	688	7 064	5 917

（续）

地区	已审 单位数	违纪 单位个数	已审单位 资金总额	违纪 金额	退赔 金额
全　国	382 629	7 131	129 767 681.0	50 341.6	13 685.1
北　京	10 944	46	32 781 638.6	2 644.9	402.5
天　津	3 086	2	4 679 914.8	11.0	11.0
河　北	29 350	1 240	2 316 408.6	2 607.4	123.4
山　西	10 386	335	2 279 576.0	8 856.5	444.4
内蒙古	8 676	135	2 401 072.7	1 362.8	59.2
辽　宁	6 391	20	1 079 135.2	564.8	13.0
吉　林	7 104	500	1 397 958.3	1 949.5	702.7
黑龙江	7 018	461	543 031.9	603.4	70.1
上　海	2 364	0	903.8	0.0	0.0
江　苏	13 620	164	7 968 546.6	1 678.0	750.0
浙　江	10 968	330	15 934 963.1	8 566.0	1 496.1
安　徽	5 378	92	595 661.5	800.4	757.7
福　建	14 698	938	15 297 288.3	5 560.1	932.6
江　西	10 421	85	652 713.8	378.7	306.4
山　东	63 175	279	10 417 742.3	845.2	296.3
河　南	12 644	206	995 211.3	1 096.9	292.0
湖　北	18 128	858	2 419 376.8	2 621.0	2 346.0
湖　南	28 094	662	1 784 239.3	2 915.6	2 481.1
广　东	21 310	31	8 720 069.3	792.1	61.6
广　西	2 869	9	91 130.6	311.8	160.9
海　南	1 240	10	90 935.9	0.0	0.0
重　庆	5 353	38	322 814.0	202.0	36.1
四　川	31 986	162	810 028.5	695.7	457.1
贵　州	4 636	28	153 341.0	72.6	72.6
云　南	30 878	58	2 196 680.6	582.1	377.6
陕　西	8 792	114	767 816.2	1 742.6	257.8
甘　肃	6 540	83	534 433.1	263.1	43.3
青　海	1 899	14	170 991.1	16.5	14.5
宁　夏	1 014	8	262 388.7	62.8	1.1
新　疆	3 667	223	12 101 669.3	2 538.1	718.1

（续）

地区	贪污案件数	万元以上贪污案件数	贪污金额总额	受处分人数	受刑事处理人数
全　国	344	235	2 103.3	2 425	231
北　京	1	0	0.5	1	1
天　津	1	1	2.0	4	4
河　北	16	4	111.7	104	4
山　西	31	16	146.1	308	25
内蒙古	5	5	23.5	118	3
辽　宁	1	0	5.0	8	4
吉　林	1	0	0.0	50	5
黑龙江	0	0	0.0	137	3
上　海	0	0	0.0	0	0
江　苏	3	2	15.6	130	5
浙　江	9	9	37.3	128	25
安　徽	2	2	14.0	103	3
福　建	11	10	82.9	99	16
江　西	11	10	79.4	121	10
山　东	11	5	34.7	95	9
河　南	18	8	78.8	149	8
湖　北	89	70	370.7	126	25
湖　南	47	34	159.0	401	16
广　东	3	3	63.0	15	3
广　西	6	5	260.2	15	4
海　南	0	0	0.0	1	0
重　庆	1	1	12.0	6	2
四　川	33	20	338.5	129	27
贵　州	1	1	8.0	12	1
云　南	9	8	113.2	27	6
陕　西	15	8	18.6	71	12
甘　肃	1	1	0.0	30	3
青　海	0	0	0.0	0	0
宁　夏	0	0	0.0	0	0
新　疆	18	12	128.5	37	7

（续）

地区	已成立审计机构的县数	已配备审计人员数	持审计证人员数	村干部任期和离任审计数	土地补偿费专项审计数
全　国	1 091	48 834	31 478	668 744	10 950
北　京	14	1 808	1 535	2 514	852
天　津	1	362	141	2 031	82
河　北	94	4 986	4 374	24 309	376
山　西	91	2 406	2 016	4 930	40
内蒙古	59	751	451	4 555	59
辽　宁	36	1 926	1 304	2 559	221
吉　林	48	1 872	1 711	5 302	133
黑龙江	53	1 280	1 021	2 462	68
上　海	1	341	288	836	23
江　苏	53	2 270	1 510	3 467	576
浙　江	58	2 440	1 977	864	18
安　徽	9	463	268	1 698	64
福　建	39	1 675	1 208	13 501	387
江　西	23	1 143	328	4 457	205
山　东	53	4 231	2 226	31 063	1 319
河　南	28	1 759	1 365	3 397	220
湖　北	74	3 333	2 445	5 955	2 997
湖　南	49	3 076	1 449	11 658	506
广　东	45	3 186	2 473	6 166	233
广　西	6	119	7	510 632	1 102
海　南	0	18	6	164	16
重　庆	15	1 548	253	5 204	217
四　川	37	1 541	558	5 960	328
贵　州	10	203	46	2 062	293
云　南	58	2 438	719	7 358	166
陕　西	23	577	327	3 662	347
甘　肃	29	1 436	498	750	35
青　海	12	192	135	511	17
宁　夏	22	444	360	247	44
新　疆	51	1 010	479	470	6

表 8 全国农民负担情况统计总表

单位：万元

指标名称	数量	占总比%	比上年增长%
一、上交集体各种款项	**1 284 070.3**	**100.0**	**0.9**
1. 土地承包金	1 133 396.2	88.3	2.1
2. 共同生产费用	42 637.4	3.3	−3.8
3. 建房收费	32 452.4	2.5	2.1
4. 其他款项	75 584.4	5.9	−12.7
二、村民筹资和以资代劳	**918 483.5**	**100.0**	**−9.2**
（一）一事一议筹资	528 259.1	57.5	−6.4
1. 道路筹资	345 554.6	65.4	−5.1
2. 水利筹资	73 794.1	14.0	−16.9
3. 植树造林筹资	7 994.6	1.5	−24.9
4. 其他筹资	100 915.9	19.1	0.4
（二）一事一议筹劳以资代劳	390 224.4	42.5	−12.9
三、农业生产性收费	**1 502 706.6**	**100.0**	**−2.9**
1. 农业灌溉水费	680 101.7	45.3	−4.4
2. 农业灌溉电费	789 956.5	52.6	−1.4
3. 其他收费	32 648.5	2.1	−8.8
四、行政事业性收费	**1 241 899.0**	**100.0**	**−11.8**
1. 农民建房收费	64 283.9	5.2	−0.9

（续）

指标名称	数量	占总比%	比上年增长%
2. 外出务工经商收费	57 554.6	4.6	−2.0
3. 农机、摩托车、三轮车和低速载货汽车收费	208 618.5	16.8	−8.7
4. 计划生育收费	860 656.9	69.3	−13.8
5. 其他收费	50 785.1	4.1	−10.5
五、农村义务教育收费	**129 745.4**	**100.0**	**−5.8**
1. 作业本费	46 725.1	36.0	−10.5
2. 代办费	51 976.0	40.1	−2.8
3. 其他收费	31 044.4	23.9	−3.2
六、罚款	**26 567.4**	**0**	**−10.7**
七、集资摊派	**6 149.1**	**100.0**	**−17.3**
1. 道路集资摊派	4 409.3	71.7	−1.3
2. 水利集资摊派	688.3	11.2	−45.3
3. 办电集资摊派	156.9	2.6	−49.9
4. 其他集资摊派	894.6	14.5	−36.1
八、一事一议筹劳（万个）	**51 901.1**	**100.0**	**−15.8**
1. 道路筹劳（万个）	33 245.4	64.1	−15.8
2. 水利筹劳（万个）	9 116.9	17.6	−19.8
3. 植树造林筹劳（万个）	1 936.9	3.7	−18.7

（续）

指标名称	数量	占总比%	比上年增长%
4. 其他筹劳（万个）	7 601.8	14.6	−9.1
九、附报指标			
（一）政府补贴	24 233 820.4	100.0	1.7
1. 农业四项补贴	15 251 249.0	62.9	−3.6
其中：种粮直接补贴	6 203 290.4	40.7	3.1
2. 退耕还林、还草补贴	2 130 444.0	8.8	19.6
3. 其他补贴	6 852 127.4	28.3	10.1
（二）其他			
1. 一事一议筹资筹劳涉及村数（个）	144 572	—	−8.8
2. 一事一议筹资涉及村数（个）	124 025	—	−8.4
3. 一事一议筹资涉及人数（万人）	18 462.2	—	−11.3
4. 一事一议筹劳涉及村数（个）	92 105	—	−14.4
5. 一事一议筹劳涉及人数（万人）	7 234.8	—	−14.7
6. 一事一议筹劳以资代劳工日数（万个）	21 342.9	—	−52.3
7. 农村义务教育在校学生数（万人）	8 885.7	—	−2.4
8. 种粮直接补贴面积（万亩）	142 223.9	—	−4.0
9. 农村合作医疗收费	8 500 947.1	—	26.1
10. 农民上交国家税金	6 138 508.2	—	−11.3

表 8-1 各地区农民负担情况统计表

地区	上交集体各种款项	土地承包金	共同生产费用	建房收费	其他款项
全 国	1 284 070.3	1 133 396.2	42 637.4	32 452.4	75 584.4
北 京	55 245.2	53 345.8	266.8	0.0	1 632.6
天 津	45 048.2	43 573.5	373.3	130.7	970.8
河 北	127 803.5	118 735.8	2 811.4	1 001.3	5 255.0
山 西	10 967.5	10 145.2	185.9	100.0	536.4
内蒙古	8 405.5	8 160.4	20.6	7.1	217.5
辽 宁	24 696.6	24 140.8	437.6	0.6	117.6
吉 林	20 904.0	19 496.5	376.8	1.1	1 029.5
黑龙江	51 427.9	50 406.4	125.4	46.5	849.6
上 海	120.4	83.2	0.0	37.2	0.0
江 苏	119 910.5	97 946.2	8 158.3	3 206.1	10 599.8
浙 江	54 125.9	35 123.3	0.0	8 390.0	10 612.6
安 徽	2 791.0	2 390.0	285.7	0.0	115.3
福 建	7 045.1	4 949.0	8.0	1 039.8	1 048.3
江 西	9 821.4	2 805.7	2 927.0	1 899.2	2 189.5
山 东	173 219.1	162 190.0	3 505.4	165.2	7 358.5
河 南	30 562.9	26 754.2	171.7	572.2	3 064.7
湖 北	34 050.5	28 835.0	2 319.6	201.1	2 694.8
湖 南	7 031.4	4 467.2	1 175.0	640.9	748.3
广 东	356 916.0	328 307.6	7 567.2	8 769.3	12 271.9
广 西	7 564.6	4 516.5	183.5	319.5	2 545.1
海 南	4 813.1	4 232.4	228.4	13.8	338.4
重 庆	1 759.0	896.5	18.4	422.2	422.0
四 川	13 904.2	7 492.6	3 438.5	1 084.7	1 888.4
贵 州	5 141.4	877.6	1 886.5	1 909.4	467.9
云 南	11 082.5	8 704.9	484.6	1 060.4	832.6
陕 西	16 694.4	10 408.5	1 713.8	1 222.5	3 349.6
甘 肃	1 974.4	1 432.0	263.8	80.5	198.1
青 海	294.8	293.0	0.0	0.0	1.7
宁 夏	1 541.4	1 377.1	79.8	0.0	84.4
新 疆	79 208.1	71 309.0	3 624.3	131.0	4 143.7

（续）

地区	村民筹资和以资代劳	一事一议筹资	道路筹资	水利筹资
全　国	**918 483.5**	**528 259.1**	**345 554.6**	**73 794.1**
北　京	273.7	257.7	87.3	120.0
天　津	0.0	0.0	0.0	0.0
河　北	51 734.3	51 447.6	37 803.0	5 489.4
山　西	8 463.7	6 040.9	1 689.9	1 288.4
内蒙古	18 541.5	12 342.9	3 937.6	1 400.3
辽　宁	3 725.5	1 879.1	1 641.7	102.1
吉　林	1 126.3	722.9	481.7	48.9
黑龙江	2 888.1	2 886.5	2 259.8	182.3
上　海	0.0	0.0	0.0	0.0
江　苏	78 192.1	49 040.3	36 529.2	5 788.6
浙　江	21 492.2	15 780.1	5 041.9	3 563.7
安　徽	41 873.0	38 673.9	33 980.9	0.6
福　建	70 576.3	17 467.3	10 903.3	2 022.6
江　西	30 186.1	29 252.6	18 147.6	7 710.4
山　东	29 129.0	7 791.7	4 090.6	1 465.6
河　南	10 025.5	8 052.7	5 680.5	785.9
湖　北	71 531.0	28 072.7	13 227.9	7 344.3
湖　南	30 639.9	25 891.8	11 281.5	11 097.3
广　东	52 194.8	44 918.9	16 985.8	4 648.5
广　西	70 395.0	45 584.5	37 995.1	2 368.5
海　南	9 123.1	8 359.4	6 027.0	417.9
重　庆	18 304.8	16 493.0	12 969.1	2 736.4
四　川	178 326.5	51 752.9	43 253.3	5 708.1
贵　州	8 750.4	4 704.7	3 604.7	534.3
云　南	12 997.4	9 801.4	6 511.6	640.5
陕　西	51 506.9	21 408.6	14 009.8	2 091.8
甘　肃	29 371.8	18 487.4	13 233.8	2 031.6
青　海	1 469.2	1 402.4	726.2	360.7
宁　夏	2 370.1	1 882.8	896.5	824.4
新　疆	13 275.2	7 862.7	2 557.3	3 020.8

（续）

地区	植树造林筹资	其他筹资	一事一议筹劳以资代劳
全　　国	7 994.6	100 915.9	390 224.4
北　　京	8.7	41.7	16.0
天　　津	0.0	0.0	0.0
河　　北	428.9	7 726.2	286.7
山　　西	190.6	2 872.0	2 422.8
内　蒙　古	284.3	6 720.8	6 198.5
辽　　宁	8.2	127.0	1 846.4
吉　　林	2.8	189.5	403.4
黑　龙　江	36.9	407.3	1.7
上　　海	0.0	0.0	0.0
江　　苏	1 486.0	5 236.5	29 151.9
浙　　江	49.0	7 125.5	5 712.1
安　　徽	561.5	4 130.9	3 199.1
福　　建	153.4	4 388.0	53 109.0
江　　西	185.4	3 209.2	933.5
山　　东	43.6	2 191.9	21 337.3
河　　南	43.5	1 542.8	1 972.9
湖　　北	1 713.1	5 787.3	43 458.4
湖　　南	320.7	3 192.4	4 748.1
广　　东	404.9	22 879.7	7 275.9
广　　西	332.3	4 888.6	24 810.5
海　　南	24.2	1 890.3	763.7
重　　庆	91.2	696.3	1 811.7
四　　川	275.1	2 516.4	126 573.6
贵　　州	125.0	440.6	4 045.7
云　　南	28.4	2 620.9	3 196.0
陕　　西	625.6	4 681.5	30 098.3
甘　　肃	171.3	3 050.7	10 884.4
青　　海	5.1	310.4	66.9
宁　　夏	76.0	85.9	487.4
新　　疆	318.9	1 965.7	5 412.6

（续）

地区	农业生产性收费	农业灌溉水费	农业灌溉电费	农业生产性其他收费
全　国	1 502 706.6	680 101.7	789 956.5	32 648.5
北　京	6 080.6	792.7	5 231.7	56.2
天　津	7 320.1	1 104.9	6 197.8	17.3
河　北	369 706.1	25 076.3	343 347.4	1 282.4
山　西	70 853.6	31 156.5	38 151.6	1 545.5
内　蒙古	107 310.4	66 186.3	40 811.2	312.9
辽　宁	18 196.1	11 517.6	6 592.7	85.7
吉　林	16 354.0	9 754.1	6 113.2	486.8
黑龙江	23 092.7	14 058.5	8 770.4	263.8
上　海	2 909.1	1 125.1	1 593.9	190.1
江　苏	90 547.3	49 533.0	33 232.5	7 781.7
浙　江	9 752.2	1 993.7	6 901.5	856.9
安　徽	18 711.5	12 052.0	6 557.8	101.7
福　建	1 848.3	358.4	934.5	555.4
江　西	11 537.5	4 701.5	6 301.5	534.5
山　东	137 366.7	72 805.0	62 788.8	1 772.9
河　南	55 317.1	7 924.7	46 867.0	525.5
湖　北	16 613.4	11 284.4	4 590.5	738.6
湖　南	8 376.3	4 396.6	3 486.0	493.7
广　东	21 536.6	4 262.6	14 739.6	2 534.5
广　西	14 297.6	4 466.8	8 287.8	1 543.1
海　南	735.4	272.2	432.1	31.1
重　庆	501.6	137.9	316.5	47.3
四　川	30 522.5	22 424.8	7 349.8	747.9
贵　州	6 000.2	3 190.5	2 641.0	168.8
云　南	15 874.1	10 014.3	5 593.1	266.7
陕　西	91 376.5	55 077.4	31 758.8	4 540.2
甘　肃	105 752.9	71 186.2	33 025.1	1 541.6
青　海	2 280.0	1 652.9	472.4	154.7
宁　夏	30 304.6	26 859.3	3 445.2	0.0
新　疆	211 631.5	154 735.4	53 425.1	3 471.0

（续）

地区	行政事业 性收费	农民建房 收费	外出务工 经商收费	农机、摩托车、 三轮车和低速 载货汽车收费	计划生育 收费	行政事业性 其他收费
全　国	1 241 899.0	64 283.9	57 554.6	208 618.5	860 656.9	50 785.1
北　京	0.0	0.0	0.0	0.0	0.0	0.0
天　津	4 288.1	121.2	678.9	1 784.9	1 390.4	312.7
河　北	20 363.7	774.5	2 640.2	3 037.1	13 066.7	845.2
山　西	8 564.7	52.8	2 331.0	2 435.6	3 581.9	163.4
内蒙古	1 961.4	21.7	81.2	1 737.9	28.8	91.7
辽　宁	1 083.0	53.4	301.7	558.3	14.2	155.5
吉　林	1 618.7	174.4	127.5	1 161.7	42.4	112.7
黑龙江	6 771.0	733.2	2 714.9	3 082.1	69.5	171.2
上　海	2 988.3	1.9	36.4	2 674.7	70.9	204.4
江　苏	87 715.7	5 526.6	11 154.1	30 790.1	35 566.2	4 678.7
浙　江	137 766.3	12 580.1	5 693.4	25 246.1	90 896.6	3 350.0
安　徽	69 839.8	28.6	217.0	1 679.3	67 697.7	217.2
福　建	87 491.0	1 765.5	7 061.1	7 598.9	69 028.4	2 037.1
江　西	104 993.9	7 604.0	1 466.6	4 373.1	90 129.9	1 420.3
山　东	52 277.7	326.5	3 776.6	10 040.6	35 853.9	2 280.1
河　南	44 768.3	3 336.1	503.0	2 933.2	36 463.3	1 532.7
湖　北	14 346.9	698.9	880.0	2 958.9	9 032.8	776.0
湖　南	70 522.8	4 726.4	1 304.3	3 011.9	59 473.1	2 007.1
广　东	122 000.6	4 217.9	6 704.1	25 929.3	79 256.4	5 892.9
广　西	86 653.5	3 171.8	1 299.4	26 957.4	43 199.9	12 025.0
海　南	1 405.8	208.2	47.3	670.7	447.0	32.6
重　庆	72 434.5	4 830.9	205.3	712.7	66 069.7	615.9
四　川	124 448.9	1 704.0	1 873.7	7 339.6	110 398.4	3 133.2
贵　州	40 329.4	2 800.0	431.7	3 395.9	29 982.2	3 719.6
云　南	39 193.6	1 716.6	736.2	24 495.3	9 478.9	2 766.6
陕　西	13 168.4	1 876.7	2 692.6	6 342.8	1 197.6	1 058.7
甘　肃	9 808.9	193.6	168.8	1 363.1	7 891.5	191.9
青　海	704.7	51.5	113.7	361.4	23.9	154.3
宁　夏	671.7	0.0	14.7	388.8	216.3	51.9
新　疆	13 717.9	4 987.1	2 298.6	5 557.5	88.4	786.4

（续）

地区	农村义务教育收费	作业本费	代办费	农村义务教育其他收费	罚款
全　国	129 745.4	46 725.1	51 976.0	31 044.4	26 567.4
北　京	94.0	0.1	93.9	0.0	19.2
天　津	1 829.1	644.5	1 013.4	171.2	394.3
河　北	1 510.4	1 133.0	78.3	299.1	267.0
山　西	530.4	233.5	90.4	206.5	623.5
内蒙古	768.7	312.8	428.5	27.5	38.0
辽　宁	665.9	410.4	139.6	115.9	6.0
吉　林	633.8	180.9	303.9	149.0	20.0
黑龙江	262.6	86.4	65.3	110.9	180.6
上　海	6 688.7	0.0	5 862.1	826.6	422.6
江　苏	23 703.0	7 536.1	10 447.6	5 719.3	882.1
浙　江	9 531.3	1 215.8	3 396.1	4 919.4	11 301.0
安　徽	4 547.0	4 272.6	200.1	74.3	7.4
福　建	1 615.7	1 008.8	436.6	170.3	641.8
江　西	9 343.1	3 225.8	4 950.1	1 167.2	1 102.2
山　东	9 023.6	5 249.7	2 876.3	897.6	647.7
河　南	218.0	201.8	5.0	11.2	374.2
湖　北	4 074.7	1 373.0	1 748.4	953.3	134.3
湖　南	13 758.9	3 564.6	5 396.2	4 798.1	649.1
广　东	8 116.8	2 841.3	2 959.0	2 316.4	2 748.5
广　西	3 408.8	502.3	849.1	2 057.4	2 185.6
海　南	583.0	210.0	249.9	123.1	16.6
重　庆	1 584.4	0.0	0.0	1 584.4	603.0
四　川	12 437.4	6 877.4	3 208.1	2 351.9	484.0
贵　州	5 509.7	1 677.5	3 185.5	646.7	1 011.9
云　南	2 135.9	102.2	1 838.4	195.3	395.9
陕　西	3 575.0	1 808.9	940.3	825.8	300.3
甘　肃	1 637.2	1 309.8	257.1	70.3	24.4
青　海	428.2	263.0	124.0	41.2	10.4
宁　夏	446.7	215.1	231.1	0.5	9.3
新　疆	1 083.4	267.8	601.6	214.0	1 066.5

（续）

地区	集资摊派	道路集资摊派	水利集资摊派	办电集资摊派	其他集资摊派
全 国	6 149.1	4 409.3	688.3	156.9	894.6
北 京	0.0	0.0	0.0	0.0	0.0
天 津	0.0	0.0	0.0	0.0	0.0
河 北	63.5	58.2	3.0	0.0	2.3
山 西	10.6	8.0	2.0	0.0	0.6
内蒙古	14.9	6.0	8.2	0.2	0.5
辽 宁	0.0	0.0	0.0	0.0	0.0
吉 林	49.8	48.1	1.5	0.0	0.2
黑龙江	1.1	0.8	0.2	0.0	0.0
上 海	0.0	0.0	0.0	0.0	0.0
江 苏	315.1	250.6	64.0	0.5	0.0
浙 江	29.4	8.3	2.1	3.6	15.4
安 徽	0.0	0.0	0.0	0.0	0.0
福 建	41.2	15.1	1.5	0.0	24.6
江 西	730.7	688.2	26.5	2.5	13.5
山 东	0.0	0.0	0.0	0.0	0.0
河 南	14.6	6.0	2.0	2.0	4.6
湖 北	274.5	42.1	28.7	9.1	194.7
湖 南	910.1	704.0	142.5	44.7	19.0
广 东	787.8	349.0	148.5	9.0	281.4
广 西	1 337.3	1 106.3	41.9	0.0	189.0
海 南	5.6	2.7	0.0	0.0	2.9
重 庆	35.0	27.0	8.0	0.0	0.0
四 川	250.5	217.0	2.5	10.0	21.0
贵 州	168.4	76.8	25.1	57.4	9.1
云 南	93.8	86.2	0.0	0.0	7.6
陕 西	877.2	672.8	178.7	18.0	7.7
甘 肃	3.6	0.3	1.3	0.0	2.0
青 海	56.2	0.0	0.0	0.0	56.2
宁 夏	0.0	0.0	0.0	0.0	0.0
新 疆	78.3	35.8	0.0	0.0	42.5

（续）

地区	一事一议筹劳	道路筹劳	水利筹劳	植树造林筹劳	其他筹劳
全　国	**51 901.1**	**33 245.4**	**9 116.9**	**1 936.9**	**7 601.8**
北　京	36.0	15.8	16.7	1.4	2.1
天　津	0.0	0.0	0.0	0.0	0.0
河　北	172.5	143.5	12.9	1.0	15.1
山　西	559.5	189.0	108.1	32.0	230.4
内蒙古	747.4	170.8	28.4	5.3	542.8
辽　宁	257.6	243.5	2.3	0.5	11.3
吉　林	315.3	236.0	12.7	0.3	66.2
黑龙江	19.8	9.3	5.3	2.3	2.9
上　海	0.0	0.0	0.0	0.0	0.0
江　苏	4 681.3	2 518.5	918.9	319.0	924.9
浙　江	188.2	57.7	61.2	0.3	69.0
安　徽	2 086.4	1 485.8	467.1	30.4	103.1
福　建	2 234.8	1 343.0	231.2	18.6	642.0
江　西	721.2	395.6	261.5	31.8	32.3
山　东	2 688.0	1 454.5	577.6	25.8	630.1
河　南	744.5	565.2	108.2	4.1	67.0
湖　北	9 038.0	4 320.2	2 356.3	635.2	1 726.3
湖　南	2 143.0	1 278.0	670.8	106.7	87.5
广　东	286.8	148.8	25.6	0.0	112.4
广　西	2 698.6	2 276.1	174.8	5.3	242.4
海　南	131.8	103.8	13.4	0.4	14.2
重　庆	391.4	342.2	35.6	4.8	8.9
四　川	6 966.0	5 620.0	1 049.7	35.7	260.6
贵　州	4 915.5	4 752.2	78.0	23.6	61.7
云　南	762.3	495.2	63.8	6.7	196.6
陕　西	1 966.0	1 362.7	308.5	48.4	246.4
甘　肃	3 721.5	2 512.1	362.4	209.2	637.8
青　海	32.3	4.3	5.1	3.2	19.8
宁　夏	495.3	178.9	230.2	51.0	35.3
新　疆	2 900.0	1 022.6	930.6	334.0	612.9

（续）

地区	政府补贴	农业四项补贴	种粮直接补贴	退耕还林、还草补贴	其他补贴
全　国	24 233 820.4	15 251 249.0	6 203 290.4	2 130 444.0	6 852 127.4
北　京	71 085.7	13 634.9	11 582.7	3 704.1	53 746.7
天　津	70 204.0	52 228.1	17 126.7	2 049.0	15 926.8
河　北	898 402.3	719 399.4	363 252.3	81 215.8	97 787.1
山　西	394 787.7	276 714.8	207 391.8	61 512.7	56 560.2
内蒙古	1 195 287.3	524 896.1	88 660.4	216 117.1	454 274.1
辽　宁	479 273.3	422 736.6	203 537.6	33 031.9	23 504.9
吉　林	858 274.7	768 603.9	388 704.0	30 208.1	59 462.7
黑龙江	1 433 103.4	1 341 085.0	963 687.8	19 615.8	72 402.7
上　海	149 687.7	56 681.5	27 001.6	1 174.8	91 831.4
江　苏	1 680 776.8	1 487 774.2	338 091.5	6 527.9	186 474.7
浙　江	398 555.3	145 103.1	69 146.2	2 307.7	251 144.5
安　徽	1 439 100.5	726 353.0	199 115.2	58 202.6	654 544.9
福　建	307 554.1	199 661.0	81 684.0	326.1	107 567.0
江　西	611 267.0	418 430.8	277 956.7	33 466.6	159 369.6
山　东	1 000 828.5	811 726.0	91 930.4	4 383.6	184 718.9
河　南	2 468 796.5	2 061 113.2	934 795.1	169 678.7	238 004.6
湖　北	689 343.0	515 916.9	153 622.8	54 274.6	119 151.4
湖　南	1 136 707.6	623 338.4	178 592.2	111 562.1	401 807.1
广　东	806 402.1	631 112.0	239 144.0	7 005.2	168 284.9
广　西	734 422.8	352 069.1	118 891.1	34 853.9	347 499.8
海　南	429 194.1	96 671.0	15 939.6	291 173.1	41 350.0
重　庆	419 559.7	233 793.7	19 054.3	80 974.3	104 791.7
四　川	1 339 927.7	716 375.6	566 848.5	237 836.0	385 716.1
贵　州	861 188.4	528 357.1	71 191.5	94 619.5	238 211.8
云　南	1 652 079.8	444 627.6	98 006.5	101 046.3	1 106 405.9
陕　西	647 356.9	317 562.9	219 344.9	148 484.0	181 310.0
甘　肃	598 132.8	253 979.2	101 171.3	116 848.7	227 304.9
青　海	327 396.2	50 810.6	27 219.2	23 333.6	253 252.1
宁　夏	190 621.4	76 755.9	17 607.4	49 410.7	64 454.8
新　疆	944 502.9	383 737.2	112 992.8	55 499.3	505 266.3

（续）

地区	一事一议 筹资筹劳 涉及村数	一事一议 筹资涉及 村数	一事一议 筹资涉及 人数	一事一议 筹劳涉及 村数	一事一议 筹劳涉及 人数
全 国	**144 572**	**124 025**	**18 462.2**	**92 105**	**7 234.8**
北 京	554	287	8.7	344	14.1
天 津	0	0	0.0	0	0.0
河 北	12 203	11 722	1 784.6	1 000	31.0
山 西	6 541	5 421	431.5	4 148	135.7
内蒙古	1 716	1 577	169.8	792	88.8
辽 宁	1 604	688	56.0	1 482	58.6
吉 林	508	366	49.3	433	26.5
黑龙江	370	362	48.3	103	11.7
上 海	0	0	0.0	0	0.0
江 苏	9 302	9 299	2 500.2	5 831	698.5
浙 江	2 644	2 294	220.6	1 344	86.3
安 徽	9 283	9 166	2 838.0	2 013	356.3
福 建	3 888	3 845	579.8	3 496	375.4
江 西	6 639	6 101	275.6	1 197	53.2
山 东	9 791	6 881	486.4	7 361	372.4
河 南	2 138	2 106	337.1	1 245	184.0
湖 北	12 969	12 892	1 897.5	12 313	1 555.4
湖 南	14 443	10 944	1 741.9	8 547	206.8
广 东	2 230	2 361	300.2	1 157	84.4
广 西	9 350	9 829	1 868.0	7 100	653.8
海 南	575	466	52.4	465	32.9
重 庆	1 400	1 209	198.8	877	109.3
四 川	14 665	9 966	1 053.3	13 202	849.7
贵 州	3 106	1 708	182.6	1 607	245.9
云 南	5 399	4 356	250.1	4 517	221.1
陕 西	4 537	4 383	503.1	3 567	224.9
甘 肃	4 724	4 026	408.6	4 457	282.0
青 海	350	164	18.4	350	12.4
宁 夏	1 020	194	39.8	954	91.6
新 疆	2 623	1 412	161.5	2 203	172.1

（续）

地区	一事一议筹劳以资代劳工日数	农村义务教育在校学生数	种粮直接补贴面积	农村合作医疗收费	农民上交国家税金
全　　国	**21 342.9**	**8 885.7**	**142 223.9**	**8 500 947.1**	**6 138 508.2**
北　　京	0.1	13.7	161.6	17 363.6	529.3
天　　津	0.0	40.8	570.9	25 492.5	141 149.5
河　　北	23.5	432.5	8 081.1	511 996.6	504 792.0
山　　西	106.4	151.3	4 500.0	210 000.0	29 544.5
内　蒙　古	278.2	114.4	7 157.1	117 188.0	3 607.5
辽　　宁	66.5	118.1	5 477.5	194 807.0	12 565.0
吉　　林	64.5	72.2	6 346.7	123 476.7	9 199.7
黑　龙　江	0.1	68.2	12 973.3	123 006.2	47 135.8
上　　海	0.0	21.8	109.2	19 111.7	21 249.4
江　　苏	3 636.0	399.3	6 563.5	493 644.1	1 195 838.0
浙　　江	83.1	365.4	962.1	591 904.9	2 281 930.1
安　　徽	424.3	515.9	5 933.9	483 828.2	60 585.5
福　　建	1 123.8	226.7	4 175.3	226 022.9	187 102.5
江　　西	157.8	356.8	3 887.1	363 299.1	60 992.3
山　　东	1 300.2	632.4	6 303.7	721 552.9	470 752.8
河　　南	155.8	916.7	15 178.8	673 061.3	191 554.7
湖　　北	6 199.5	321.6	5 324.0	423 799.9	70 660.8
湖　　南	471.2	523.4	4 825.8	499 179.2	164 600.6
广　　东	145.7	702.9	3 232.2	497 842.6	254 040.1
广　　西	1 029.6	451.7	3 855.4	341 639.5	108 179.1
海　　南	7.5	31.9	190.4	26 479.9	6 624.6
重　　庆	63.0	233.9	2 550.0	193 196.1	12 671.4
四　　川	3 636.9	666.5	5 416.7	497 612.1	56 627.4
贵　　州	255.5	419.1	3 632.7	211 585.0	15 378.8
云　　南	84.9	472.1	9 404.3	353 803.6	155 921.1
陕　　西	1 127.1	199.4	7 443.8	219 851.7	39 313.4
甘　　肃	464.7	206.3	4 475.9	181 777.3	2 671.5
青　　海	1.1	49.2	676.8	15 460.7	3 550.2
宁　　夏	57.4	46.7	1 015.6	32 747.6	9 447.3
新　　疆	378.6	114.9	1 798.7	110 216.0	20 293.3

表9 全国农经机构队伍情况统计总表

单位：个、人、人次

指标名称	数量	比上年增长%
一、农经机构设置情况		
（一）省级机构数	93	0.0
1. 行政机构	59	1.7
2. 事业机构	34	−2.9
其中：参公管理	21	5.0
（二）地级机构数	502	0.4
1. 行政机构	194	−0.5
2. 事业机构	308	1.0
其中：参公管理	149	2.1
（三）县级机构数	2 981	−0.8
1. 行政机构	594	−2.3
2. 事业机构	2 387	−0.4
其中：参公管理	669	−2.5
（四）乡级机构数	35 359	0.0
1. 职责明确由行政机构承担的	6 974	−0.6
2. 职责由事业机构承担的	28 385	0.1
（1）单独设置的	9 872	−3.3
（2）综合设置的	18 513	2.0
其中：与农技推广机构综合设置	8 177	1.9

（续）

指标名称	数量	比上年增长%
二、农经队伍情况		
（一）实有人数	145 512	−2.2
1. 省级	1 054	1.5
2. 地级	3 188	−2.2
3. 县级	23 703	−2.2
4. 乡级	117 567	−2.3
其中：村会计委托代理聘用人数	32 692	−3.5
（二）在编人数	121 622	−1.8
1. 省级	1 018	−5.7
其中：在编行政人员	402	1.3
2. 地级	3 234	−1.7
其中：在编行政人员	849	6.5
3. 县级	23 252	−0.9
其中：1. 在编行政人员	4 906	7.8
2. 在编不在岗人员	966	3.3
4. 乡级	94 118	−1.9
其中：1. 在编行政人员	24 012	−0.2
2. 在编不在岗人员	7 856	−1.3
3. 单设机构人员	21 959	−6.4

指标名称	数量	比上年增长%
（三）县乡在编人员素质状况		
1.中专以上学历人数	109 571	−1.5
其中：大专及其以上人数	87 021	−1.2
2.有专业技术职称人数	54 293	−3.4
其中：1.高级职称人数	4 233	7.5
2.中级职称人数	26 486	−3.5
三、接受培训的县乡农经人员数	**310 671**	**−2.1**
四、村（组）会计人数	**675 088**	**−1.9**
其中：1.领取《会计证》人数	277 459	−3.6
2.接受培训人数	765 626	−2.7
五、附报：		
1.有2个以上农经机构的乡镇数	246	−22.6
2.有机构未明确人员的乡镇数	928	−4.3
3.明确承担农经职能机构的乡镇数	32 259	−0.7
4.未明确承担农经职能机构的乡镇数	3 978	2.2
5.县乡土地流转服务中心数量	19 057	2.5
其中：乡镇成立的土地流转服务中心数量	17 826	3.2
6.县乡"三资"管理服务中心数量	21 100	2.0
其中：乡镇成立的"三资"管理服务中心数量	20 134	2.6

表9-1 各地区农经机构队伍情况统计表

地区	省级机构数	省级行政机构	省级事业机构	省级事业机构参公管理	地级机构数	地级行政机构
全　国	93	59	34	21	502	194
北　京	3	2	1	1	0	0
天　津	3	2	1	1	0	0
河　北	3	2	1	0	19	10
山　西	5	3	2	0	16	1
内蒙古	3	2	1	1	13	0
辽　宁	3	2	1	1	22	10
吉　林	3	1	2	1	11	3
黑龙江	4	2	2	0	19	6
上　海	2	1	1	0	0	0
江　苏	4	3	1	1	24	12
浙　江	2	2	0	0	14	10
安　徽	5	4	1	1	22	13
福　建	3	2	1	1	16	5
江　西	2	1	1	1	10	4
山　东	3	2	1	0	39	22
河　南	4	3	1	0	32	18
湖　北	4	2	2	1	13	3
湖　南	3	2	1	0	14	1
广　东	4	3	1	0	45	28
广　西	2	1	1	1	20	6
海　南	1	1	0	0	3	2
重　庆	3	2	1	1	35	11
四　川	3	2	1	1	27	11
贵　州	2	1	1	1	12	4
云　南	3	2	1	1	17	1
陕　西	4	2	2	1	17	7
甘　肃	4	3	1	1	14	0
青　海	3	2	1	1	9	4
宁　夏	3	1	2	1	5	0
新　疆	2	1	1	1	14	2

（续）

地区	地级事业机构	地级事业机构参公管理	县级机构数	县级行政机构	县级事业机构	县级事业机构参公管理
全　国	308	149	2 981	594	2 387	669
北　京	0	0	16	0	16	14
天　津	0	0	10	2	8	0
河　北	9	0	176	56	120	18
山　西	15	4	119	4	115	32
内蒙古	13	11	111	9	102	46
辽　宁	12	10	99	35	64	8
吉　林	8	6	69	5	64	5
黑龙江	13	0	98	15	83	2
上　海	0	0	10	1	9	0
江　苏	12	5	158	79	79	9
浙　江	4	2	101	24	77	2
安　徽	9	6	105	41	64	11
福　建	11	6	85	0	85	22
江　西	6	0	99	10	89	2
山　东	17	0	241	51	190	5
河　南	14	2	182	34	148	9
湖　北	10	10	97	9	88	76
湖　南	13	10	122	16	106	90
广　东	17	6	173	119	54	21
广　西	14	14	103	1	102	94
海　南	1	0	30	24	6	0
重　庆	24	20	22	6	16	12
四　川	16	14	188	27	161	100
贵　州	8	0	89	8	81	0
云　南	16	2	127	0	127	0
陕　西	10	7	112	9	103	4
甘　肃	14	2	86	0	86	4
青　海	5	0	44	7	37	1
宁　夏	5	0	22	0	22	0
新　疆	12	12	87	2	85	82

（续）

地　区	乡级机构数	职责明确由行政机构承担的	职责由事业机构承担的	单独设置的	综合设置的	与农技推广机构综合设置
全　国	35 359	6 974	28 385	9 872	18 513	8 177
北　京	195	76	119	87	32	1
天　津	154	12	142	84	58	5
河　北	2 168	862	1 306	641	665	146
山　西	1 304	82	1 222	575	647	145
内蒙古	822	57	765	262	503	219
辽　宁	1 165	169	996	674	322	20
吉　林	713	13	700	686	14	4
黑龙江	889	48	841	773	68	41
上　海	204	2	202	113	89	6
江　苏	1 222	135	1 087	560	527	256
浙　江	1 254	192	1 062	261	801	417
安　徽	1 445	189	1 256	433	823	228
福　建	1 022	22	1 000	109	891	502
江　西	1 534	141	1 393	333	1 060	812
山　东	1 766	100	1 666	1 245	421	49
河　南	1 606	252	1 354	172	1 182	613
湖　北	1 154	28	1 126	172	954	0
湖　南	2 284	434	1 850	675	1 175	321
广　东	1 855	1 224	631	232	399	108
广　西	1 025	409	616	41	575	315
海　南	217	113	104	20	84	24
重　庆	973	517	456	14	442	270
四　川	4 075	1 120	2 955	222	2 733	1 642
贵　州	1 173	115	1 058	15	1 043	752
云　南	1 288	131	1 157	282	875	567
陕　西	1 268	376	892	126	766	269
甘　肃	1 158	61	1 097	394	703	234
青　海	367	50	317	1	316	161
宁　夏	205	5	200	25	175	20
新　疆	854	39	815	645	170	30

（续）

地区	实有人数	省级实有人数	地级实有人数	县级实有人数	乡级实有人数
全国	145 512	1 054	3 188	23 703	117 567
北京	2 539	124	0	610	1 805
天津	915	20	0	63	832
河北	9 200	26	118	927	8 129
山西	6 449	45	162	1 670	4 572
内蒙古	3 430	45	229	1 121	2 035
辽宁	5 255	23	103	560	4 569
吉林	6 366	33	87	1 137	5 109
黑龙江	5 320	44	70	996	4 210
上海	1 130	22	0	142	966
江苏	8 914	30	259	1 321	7 304
浙江	5 895	9	54	610	5 222
安徽	3 668	38	51	370	3 209
福建	3 392	14	58	423	2 897
江西	3 926	10	32	413	3 471
山东	16 044	24	214	1 639	14 167
河南	6 206	38	190	1 418	4 560
湖北	8 500	48	77	945	7 430
湖南	7 035	34	128	1 478	5 395
广东	6 494	54	143	388	5 909
广西	1 564	29	108	558	869
海南	476	6	11	24	435
重庆	2 645	20	233	126	2 266
四川	6 598	28	110	1 272	5 188
贵州	2 445	14	66	337	2 028
云南	5 272	23	196	1 339	3 714
陕西	4 569	46	141	1 419	2 963
甘肃	4 199	41	114	984	3 060
青海	840	17	39	294	490
宁夏	785	45	28	301	411
新疆	5 441	104	167	818	4 352

（续）

地区	村会计委托代理聘用人数	在编人数	省级在编人数	省级在编行政人员	地级在编人数	地级在编行政人员
全　国	**32 692**	**121 622**	**1 018**	**402**	**3 234**	**849**
北　京	1 135	1 620	124	17	0	0
天　津	275	733	20	4	0	0
河　北	2 702	6 900	25	15	103	23
山　西	1 733	4 437	45	18	152	32
内蒙古	359	3 110	45	15	266	0
辽　宁	1 412	4 648	23	9	100	43
吉　林	949	5 877	8	6	86	40
黑龙江	877	4 671	44	17	91	7
上　海	344	742	23	2	0	0
江　苏	1 381	7 176	28	28	253	202
浙　江	3 013	3 431	9	9	53	22
安　徽	383	3 561	38	20	60	28
福　建	1 203	2 493	18	6	59	19
江　西	711	3 436	10	5	41	16
山　东	5 449	10 989	24	14	183	46
河　南	1 092	4 578	37	26	183	62
湖　北	1 291	8 097	47	12	97	10
湖　南	874	7 359	34	11	128	25
广　东	2 239	5 571	54	20	143	66
广　西	32	1 420	26	6	118	29
海　南	70	428	6	6	11	11
重　庆	357	2 389	20	10	230	32
四　川	1 223	6 064	27	8	120	40
贵　州	539	2 288	14	2	73	10
云　南	1 274	4 757	22	17	197	10
陕　西	595	3 940	35	12	123	55
甘　肃	522	3 978	41	40	120	2
青　海	11	833	17	5	44	11
宁　夏	136	696	45	3	28	0
新　疆	511	5 400	109	39	172	8

（续）

地区	县级 在编人数	县级在编 行政人员	县级在编 不在岗 人员	乡级 在编人数	乡级在编 行政人员	乡级在编 不在岗 人员
全　国	23 252	4 906	966	94 118	24 012	7 856
北　京	600	0	10	896	420	166
天　津	68	6	6	645	99	134
河　北	865	266	10	5 907	3 160	133
山　西	1 543	161	7	2 697	646	115
内蒙古	1 142	77	10	1 657	418	43
辽　宁	539	166	14	3 986	1 067	494
吉　林	1 018	53	9	4 765	199	108
黑龙江	982	152	29	3 554	631	199
上　海	143	2	9	576	159	58
江　苏	1 244	855	30	5 651	1 249	500
浙　江	601	70	107	2 768	422	403
安　徽	343	73	42	3 120	383	487
福　建	460	4	51	1 956	201	108
江　西	414	50	30	2 971	634	160
山　东	1 703	294	85	9 079	2 622	879
河　南	1 368	311	54	2 990	1 251	101
湖　北	980	381	4	6 973	1 429	164
湖　南	1 366	757	10	5 831	1 832	893
广　东	372	261	12	5 002	2 147	276
广　西	554	57	55	722	239	39
海　南	24	24	0	387	234	3
重　庆	118	40	15	2 021	789	260
四　川	1 344	274	112	4 573	1 057	287
贵　州	459	92	59	1 742	274	379
云　南	1 355	33	115	3 183	223	305
陕　西	1 309	216	34	2 473	1 223	90
甘　肃	927	106	1	2 890	593	182
青　海	299	23	21	473	102	14
宁　夏	292	2	7	331	54	11
新　疆	820	100	18	4 299	255	865

（续）

地 区	单设机构人员	中专以上学历人数	大专及其以上人数	有专业技术职称人数	高级职称人数	中级职称人数
全 国	**21 959**	**109 571**	**87 021**	**54 293**	**4 233**	**26 486**
北 京	157	1 556	1 380	390	38	179
天 津	140	732	680	324	47	162
河 北	863	6 415	4 964	1 945	200	1 107
山 西	883	4 077	3 026	1 641	55	948
内 蒙 古	540	2 532	2 104	1 389	162	872
辽 宁	833	4 226	3 711	1 957	100	1 267
吉 林	2 638	5 425	4 194	3 432	245	1 482
黑 龙 江	1 560	4 293	3 655	2 844	570	1 416
上 海	0	731	661	386	12	227
江 苏	1 735	7 122	5 493	4 230	213	1 844
浙 江	267	3 196	2 860	2 322	149	1 104
安 徽	911	3 309	2 731	1 865	61	1 034
福 建	332	2 394	1 884	1 573	158	833
江 西	697	3 119	2 020	1 602	62	671
山 东	2 554	10 332	8 800	5 993	455	3 610
河 南	253	4 136	2 795	1 907	239	1 093
湖 北	754	7 361	6 045	3 633	153	1 521
湖 南	1 589	6 135	4 076	1 920	336	1 066
广 东	920	4 062	3 344	591	17	187
广 西	91	1 223	999	589	18	313
海 南	33	338	206	30	0	8
重 庆	122	2 267	1 833	954	75	472
四 川	689	5 244	4 035	3 244	147	1 472
贵 州	126	1 960	1 484	1 512	110	654
云 南	969	4 389	3 826	3 041	391	1 135
陕 西	156	3 162	2 124	1 093	80	512
甘 肃	462	3 559	3 028	1 296	37	445
青 海	9	774	670	372	13	181
宁 夏	37	644	557	290	49	128
新 疆	1 639	4 858	3 836	1 928	41	543

（续）

地区	接受培训的县乡农经人员数	村（组）会计人数	领取《会计证》人数	接受培训人数
全　国	310 671	675 088	277 459	765 626
北　京	12 583	6 437	5 370	5 951
天　津	2 426	3 856	1 799	6 453
河　北	15 488	47 143	38 918	59 579
山　西	10 598	27 279	19 974	32 069
内蒙古	5 033	9 636	6 745	9 815
辽　宁	8 062	11 330	7 104	16 631
吉　林	6 350	9 026	6 676	10 795
黑龙江	6 900	9 097	7 781	12 570
上　海	1 373	4 536	3 099	4 623
江　苏	23 155	24 629	16 152	48 581
浙　江	8 744	33 932	12 510	51 460
安　徽	5 840	16 580	5 571	18 812
福　建	6 207	13 156	10 573	15 900
江　西	5 552	37 101	8 335	21 917
山　东	67 590	78 707	48 559	115 389
河　南	11 958	57 688	21 320	38 342
湖　北	9 655	21 622	7 400	17 426
湖　南	9 562	40 353	12 766	35 927
广　东	22 739	36 562	8 556	35 245
广　西	3 305	14 670	429	8 014
海　南	557	5 929	661	2 496
重　庆	8 790	9 832	1 945	20 430
四　川	16 230	40 162	11 948	50 720
贵　州	4 543	6 157	842	8 152
云　南	14 025	66 034	1 278	66 222
陕　西	6 848	22 199	5 404	20 684
甘　肃	5 098	10 731	2 925	11 473
青　海	1 082	3 509	307	4 669
宁　夏	1 230	1 797	556	1 990
新　疆	9 148	5 398	1 956	13 291

（续）

地区	有 2 个以上农经机构的乡镇数	有机构未明确人员的乡镇数	明确承担农经职能机构的乡镇数	未明确承担农经职能机构的乡镇数
全　国	246	928	32 259	3 978
北　京	2	0	192	3
天　津	0	0	146	8
河　北	34	21	1 924	152
山　西	1	11	1 281	45
内蒙古	15	0	807	20
辽　宁	0	2	1 161	8
吉　林	2	2	696	19
黑龙江	0	3	885	2
上　海	0	0	115	1
江　苏	2	5	1 182	40
浙　江	0	8	1 186	79
安　徽	66	9	1 216	160
福　建	0	8	994	35
江　西	4	39	1 403	118
山　东	0	0	1 762	4
河　南	30	22	1 575	650
湖　北	0	0	1 150	4
湖　南	10	40	2 012	230
广　东	57	9	1 409	40
广　西	2	71	757	418
海　南	2	5	158	42
重　庆	11	4	951	7
四　川	5	418	3 984	450
贵　州	3	78	845	522
云　南	0	17	1 195	190
陕　西	0	112	929	381
甘　肃	0	32	1 069	182
青　海	0	10	246	129
宁　夏	0	0	197	8
新　疆	0	2	832	31

（续）

地区	县乡土地流转服务中心数量	乡镇成立的土地流转服务中心数量	县乡"三资"管理服务中心数量	乡镇成立的"三资"管理服务中心数量
全　国	**19 057**	**17 826**	**21 100**	**20 134**
北　京	5	3	29	29
天　津	129	121	86	81
河　北	1 130	1 046	1 199	1 133
山　西	1 377	1 263	1 271	1 185
内蒙古	285	259	499	470
辽　宁	354	337	510	494
吉　林	435	413	628	603
黑龙江	640	595	725	675
上　海	82	79	1	1
江　苏	719	689	707	678
浙　江	1 113	1 052	1 277	1 234
安　徽	1 269	1 210	1 416	1 355
福　建	860	809	998	945
江　西	1 216	1 143	1 122	1 070
山　东	1 479	1 410	1 639	1 576
河　南	1 330	1 233	1 495	1 458
湖　北	1 092	1 048	1 191	1 154
湖　南	725	688	782	751
广　东	268	257	871	837
广　西	164	147	266	249
海　南	14	8	33	31
重　庆	910	878	935	907
四　川	1 129	1 031	1 066	1 034
贵　州	236	175	135	88
云　南	309	281	670	636
陕　西	360	327	191	170
甘　肃	876	822	797	763
青　海	287	264	101	92
宁　夏	104	96	81	75
新　疆	160	142	379	360

表10 全国农村经营管理信息化情况统计总表

单位：个

	市	县	乡
一、基本情况			
（一）农经机构拥有计算机数	2 512	15 276	68 429
（二）农经机构拥有服务器数	126	1 029	4 307
（三）农经机构拥有显示屏数	244	1 709	15 482
（四）实现本级农经业务管理流程网络化的机构数	38	537	5 993
二、农经业务计算机应用情况			
（一）实现土地承包档案计算机管理的机构数	66	918	9 469
（二）实现村集体三资计算机管理的机构数	77	1 525	19 138
三、农经管理服务网络平台建设和应用情况			
（一）建立农经信息服务网站（页）数	78	528	2 685
其中：农经综合信息服务网站数量	48	363	1 857
其中：自主开发建立网站数量	40	125	306
（二）自主建立农经业务网络管理系统情况			
1. 自主建立农经业务综合管理系统的	19	155	682
2. 自主建立农村土地承包管理系统的	31	310	1 058

（续）

	市	县	乡
3. 自主建立农村集体三资监管系统的	40	499	2 262
4. 自主建立农民负担监管系统	21	21	168
5. 自主建立农民专业合作社指导服务系统的	20	63	626
（三）农经管理信息化成效			
1. 实现农村土地承包流转信息网上发布并及时更新的	45	599	6 399
2. 实现一事一议筹资筹劳项目网上审核及公示的	70	623	3 511
3. 实现村级财务网上审计的	28	250	3 822
4. 实现村级财务网上公开的	78	750	19 144
5. 实现村级资产资源承包租赁招投标网上管理服务的	6	249	4 824
6. 实现村级建设项目招投标网上管理服务的	24	238	3 288
7. 实现惠农补贴补助网上公开的	134	567	8 927
附报：			
设置农经信息公开及查询站点的村数	3 874	9 128	73 104

表 10 - 1　各地区农村经营管理信息化情况统计表

地区	农经机构拥有计算机数			农经机构拥有服务器数		
	市	县	乡	市	县	乡
全　国	2 512	15 276	68 429	126	1 029	4 307
北　京	145	613	1 921	14	59	391
天　津	0	52	566	0	7	18
河　北	87	471	2 996	0	14	7
山　西	96	703	2 407	2	40	148
内蒙古	258	826	1 016	2	35	38
辽　宁	66	359	2 567	0	12	123
吉　林	14	501	2 768	0	16	180
黑龙江	40	443	2 092	0	18	138
上　海	0	147	739	0	9	19
江　苏	280	1 353	6 546	6	108	631
浙　江	58	696	4 665	6	88	58
安　徽	61	288	1 926	11	18	31
福　建	39	333	1 988	5	20	90
江　西	38	288	1 246	6	11	50
山　东	172	1 272	7 315	9	93	497
河　南	94	375	1 571	0	0	0
湖　北	74	763	4 757	3	38	283
湖　南	109	664	2 435	6	70	488
广　东	82	335	4 437	16	110	232
广　西	121	345	533	1	5	11
海　南	0	15	130	0	0	34
重　庆	20	474	2 227	4	25	2
四　川	57	827	3 313	16	117	393
贵　州	40	148	598	0	13	65
云　南	227	1 040	2 671	7	13	14
陕　西	103	465	1 075	7	19	108
甘　肃	55	565	916	0	15	117
青　海	39	165	616	3	24	49
宁　夏	31	220	406	0	1	4
新　疆	106	530	1 986	2	31	88

（续）

地区	农经机构拥有显示屏数			实现本级农经业务管理流程网络化的机构数		
	市	县	乡	市	县	乡
全　国	244	1 709	15 482	38	537	5 993
北　京	1	7	51	1	26	366
天　津	0	6	137	0	1	35
河　北	0	49	477	1	40	400
山　西	2	63	618	2	24	299
内蒙古	3	57	154	1	21	109
辽　宁	0	14	307	0	3	125
吉　林	4	33	968	0	5	303
黑龙江	0	86	871	0	9	185
上　海	0	1	120	0	1	38
江　苏	78	182	1 644	2	51	400
浙　江	19	53	1 683	2	27	267
安　徽	0	26	696	3	16	159
福　建	10	27	400	0	10	111
江　西	2	55	375	2	8	145
山　东	24	155	1 385	4	61	584
河　南	0	65	351	0	3	0
湖　北	6	44	841	2	38	401
湖　南	18	117	898	1	11	419
广　东	0	75	603	5	73	535
广　西	0	16	103	0	2	5
海　南	0	0	46	0	1	6
重　庆	0	17	73	0	7	69
四　川	26	282	1 298	1	46	613
贵　州	40	27	165	10	1	53
云　南	2	20	200	1	3	20
陕　西	0	71	234	0	13	99
甘　肃	7	112	344	0	21	71
青　海	2	7	148	0	2	40
宁　夏	0	0	40	0	0	16
新　疆	0	42	252	0	13	120

（续）

地区	实现土地承包档案计算机管理的机构数			实现村集体三资计算机管理的机构数		
	市	县	乡	市	县	乡
全　国	66	918	9 469	77	1 525	19 138
北　京	1	13	195	1	14	195
天　津	0	1	42	0	4	91
河　北	1	61	346	1	97	866
山　西	1	33	404	5	81	1 074
内蒙古	5	43	124	6	144	309
辽　宁	0	7	192	0	13	477
吉　林	0	12	448	0	15	595
黑龙江	0	14	498	2	41	795
上　海	0	9	116	0	9	116
江　苏	2	52	560	2	61	1 301
浙　江	1	64	308	8	106	1 233
安　徽	0	11	181	11	73	1 159
福　建	0	2	108	5	58	838
江　西	3	53	396	5	56	673
山　东	5	108	1 114	9	117	1 511
河　南	2	32	180	0	24	979
湖　北	2	84	652	3	68	1 030
湖　南	0	27	800	2	23	807
广　东	0	96	535	5	170	862
广　西	1	8	27	2	25	141
海　南	0	0	29	0	0	22
重　庆	1	37	949	1	37	949
四　川	37	86	577	2	149	1 197
贵　州	0	1	36	0	1	40
云　南	0	11	94	2	41	591
陕　西	1	12	172	2	14	137
甘　肃	2	16	143	0	37	392
青　海	0	3	13	1	4	87
宁　夏	0	2	15	1	9	178
新　疆	1	20	215	1	34	493

（续）

地区	建立农经信息服务网站（页）数			农经综合信息服务网站数量		
	市	县	乡	市	县	乡
全　国	78	528	2 685	48	363	1 857
北　京	4	10	31	1	8	25
天　津	0	2	0	0	0	0
河　北	1	6	29	1	5	28
山　西	8	29	212	5	27	198
内蒙古	1	22	26	1	18	24
辽　宁	1	0	3	1	0	2
吉　林	0	4	44	0	3	25
黑龙江	1	13	514	1	10	300
上　海	0	1	0	0	0	0
江　苏	5	48	239	5	34	227
浙　江	7	52	108	3	32	69
安　徽	2	7	34	1	0	22
福　建	1	5	31	1	3	28
江　西	4	14	15	1	2	9
山　东	6	45	265	4	32	210
河　南	4	10	27	2	7	17
湖　北	5	29	102	2	24	77
湖　南	5	26	783	4	14	424
广　东	12	92	0	7	92	0
广　西	0	1	0	0	1	0
海　南	0	0	3	0	0	2
重　庆	1	14	0	1	6	0
四　川	1	76	120	1	30	101
贵　州	1	1	11	1	0	10
云　南	1	5	17	1	3	15
陕　西	3	3	8	2	2	5
甘　肃	2	6	17	1	6	15
青　海	0	1	1	0	1	1
宁　夏	0	0	1	0	0	1
新　疆	2	6	44	1	3	22

（续）

地区	自主开发建立网站数量			自主建立农经业务综合管理系统的		
	市	县	乡	市	县	乡
全　国	40	125	306	19	155	682
北　京	4	5	5	1	3	4
天　津	0	0	0	0	0	0
河　北	0	3	0	1	12	121
山　西	4	15	1	1	15	165
内蒙古	0	1	0	0	7	3
辽　宁	1	0	0	0	0	1
吉　林	0	1	1	0	1	5
黑龙江	0	0	1	0	7	23
上　海	0	0	0	0	1	2
江　苏	2	15	4	1	17	28
浙　江	4	24	25	0	12	3
安　徽	0	0	11	0	1	3
福　建	0	1	0	0	1	3
江　西	3	0	0	1	1	5
山　东	1	16	4	0	8	31
河　南	3	0	0	0	0	4
湖　北	2	9	41	0	26	19
湖　南	2	17	197	1	9	201
广　东	11	0	0	11	12	0
广　西	0	0	0	0	1	1
海　南	0	0	2	0	0	2
重　庆	1	6	0	0	0	0
四　川	1	3	6	0	17	48
贵　州	0	0	1	0	0	3
云　南	1	2	1	1	1	1
陕　西	0	2	0	0	0	1
甘　肃	0	3	6	0	1	3
青　海	0	0	0	1	0	1
宁　夏	0	0	0	0	0	0
新　疆	0	2	0	0	2	1

（续）

地区	自主建立农村土地承包管理系统的			自主建立农村集体三资监管系统的		
	市	县	乡	市	县	乡
全　国	31	310	1 058	40	499	2 262
北　京	1	1	2	1	3	3
天　津	0	1	0	0	3	26
河　北	1	11	117	1	18	150
山　西	1	16	176	1	28	376
内蒙古	0	9	6	1	15	26
辽　宁	0	0	1	0	0	21
吉　林	0	1	16	0	5	47
黑龙江	0	4	60	0	3	59
上　海	0	0	0	0	0	0
江　苏	2	45	140	2	59	199
浙　江	3	20	5	3	60	119
安　徽	1	0	0	6	28	173
福　建	0	1	2	3	5	108
江　西	3	17	17	4	19	25
山　东	1	15	59	1	23	79
河　南	2	2	4	0	2	88
湖　北	0	31	67	0	61	142
湖　南	1	7	216	1	3	219
广　东	11	86	0	11	86	43
广　西	0	1	13	0	1	5
海　南	0	0	6	0	0	4
重　庆	1	4	0	1	3	0
四　川	1	28	115	1	45	173
贵　州	0	1	15	0	0	4
云　南	1	1	2	1	7	19
陕　西	0	4	12	0	1	10
甘　肃	0	1	2	1	6	62
青　海	1	0	0	1	1	21
宁　夏	0	0	0	0	1	8
新　疆	0	3	5	0	13	53

（续）

地　区	自主建立农民负担监管系统的			自主建立农民专业合作社指导服务系统的		
	市	县	乡	市	县	乡
全　国	21	21	168	20	63	626
北　京	1	1	0	1	0	1
天　津	0	0	0	0	0	0
河　北	0	0	0	0	0	14
山　西	1	1	15	2	15	163
内蒙古	0	0	0	0	0	1
辽　宁	0	0	0	0	0	21
吉　林	0	0	0	0	1	4
黑龙江	0	0	0	0	3	28
上　海	0	0	0	0	0	0
江　苏	1	1	1	2	7	26
浙　江	4	4	21	1	6	4
安　徽	0	0	0	0	1	1
福　建	0	0	0	0	1	2
江　西	0	0	1	0	1	4
山　东	0	0	3	1	7	13
河　南	0	0	0	0	1	2
湖　北	0	0	0	0	7	40
湖　南	1	1	1	1	7	213
广　东	11	11	108	9	0	0
广　西	0	0	0	0	0	1
海　南	0	0	0	0	0	2
重　庆	0	0	0	1	0	0
四　川	0	0	16	0	1	70
贵　州	0	0	0	0	0	3
云　南	1	1	1	1	2	0
陕　西	0	0	0	0	0	0
甘　肃	0	0	0	0	2	12
青　海	1	1	1	1	0	0
宁　夏	0	0	0	0	0	0
新　疆	0	0	0	0	1	1

（续）

地区	实现农村土地承包流转信息网上发布并及时更新的			实现一事一议筹资筹劳项目网上审核及公示的		
	市	县	乡	市	县	乡
全　国	45	599	6 399	70	623	3 511
北　京	1	9	84	1	5	54
天　津	0	4	83	0	0	1
河　北	1	20	315	0	5	150
山　西	1	23	239	0	8	76
内蒙古	0	4	54	0	0	8
辽　宁	0	1	17	0	1	33
吉　林	0	2	131	0	1	28
黑龙江	1	31	311	0	2	53
上　海	0	9	116	0	0	0
江　苏	1	108	657	0	22	309
浙　江	3	45	343	0	11	115
安　徽	0	10	147	0	15	308
福　建	0	13	163	0	2	32
江　西	5	24	262	0	6	77
山　东	4	39	498	0	16	253
河　南	1	22	185	0	20	129
湖　北	1	42	315	0	34	393
湖　南	1	13	1 460	1	328	778
广　东	20	118	465	20	118	90
广　西	0	2	17	0	0	8
海　南	0	0	3	0	0	1
重　庆	1	10	33	0	2	24
四　川	1	30	280	47	25	439
贵　州	0	1	31	0	0	28
云　南	0	2	11	0	1	12
陕　西	1	12	87	0	0	22
甘　肃	1	3	20	0	0	19
青　海	1	1	21	1	0	0
宁　夏	0	0	0	0	0	0
新　疆	0	1	51	0	1	71

（续）

地 区	实现村级财务网上审计的（个）			实现村级财务网上公开的（个）		
	市	县	乡	市	县	乡
全　国	28	250	3 822	78	750	19 144
北　京	1	13	189	0	3	32
天　津	0	3	28	0	4	69
河　北	1	17	182	1	16	295
山　西	0	1	35	5	71	1 559
内蒙古	1	7	93	0	13	105
辽　宁	0	0	8	0	0	369
吉　林	0	0	49	0	1	170
黑龙江	0	4	81	0	6	135
上　海	0	0	0	0	9	116
江　苏	0	10	212	0	22	1 439
浙　江	0	5	16	4	73	1 062
安　徽	1	1	95	2	40	492
福　建	0	2	49	1	25	928
江　西	2	2	69	3	15	483
山　东	1	31	879	1	63	5 100
河　南	0	1	63	0	2	552
湖　北	0	20	215	0	31	360
湖　南	1	3	229	0	8	2 206
广　东	18	86	861	20	118	1 479
广　西	0	0	0	0	2	34
海　南	0	0	1	0	0	2
重　庆	0	0	0	0	0	0
四　川	0	36	333	39	186	1 123
贵　州	0	0	2	0	0	20
云　南	0	0	2	1	11	100
陕　西	1	0	18	1	1	63
甘　肃	0	3	30	0	18	360
青　海	1	0	3	0	0	57
宁　夏	0	0	0	0	0	30
新　疆	0	5	80	0	12	404

（续）

地区	实现村级资产资源承包租赁招投标网上管理服务的（个）			实现村级建设项目招投标网上管理服务的（个）		
	市	县	乡	市	县	乡
全　国	6	249	4 824	24	238	3 288
北　京	1	5	36	1	5	31
天　津	0	0	0	0	0	1
河　北	0	3	99	0	4	58
山　西	0	4	43	0	3	35
内蒙古	0	0	2	0	0	6
辽　宁	0	1	12	0	1	12
吉　林	0	0	27	0	0	23
黑龙江	0	2	13	0	1	12
上　海	0	0	0	0	0	0
江　苏	0	18	694	0	26	487
浙　江	1	21	293	0	18	372
安　徽	1	2	52	1	3	48
福　建	0	2	51	0	1	58
江　西	2	7	114	0	4	38
山　东	0	24	373	0	18	363
河　南	0	1	6	0	1	6
湖　北	1	30	252	1	25	252
湖　南	0	3	991	0	4	364
广　东	0	118	1 479	20	118	865
广　西	0	0	2	0	0	0
海　南	0	0	1	0	0	1
重　庆	0	0	0	0	0	0
四　川	0	5	245	0	5	219
贵　州	0	0	1	0	0	2
云　南	0	0	0	0	0	9
陕　西	0	0	1	0	0	2
甘　肃	0	1	0	1	1	1
青　海	0	0	21	0	0	21
宁　夏	0	0	0	0	0	0
新　疆	0	2	16	0	0	2

（续）

地区	实现惠农补贴补助网上公开的（个）			设置农经信息公开及查询站点的村数（个）		
	市	县	乡	市	县	乡
全　国	134	567	8 927	3 874	9 128	73 104
北　京	0	2	32	1 303	1 303	1 303
天　津	0	0	2	0	0	224
河　北	0	1	118	0	0	792
山　西	11	115	1 310	0	0	10 388
内蒙古	0	2	35	0	94	217
辽　宁	0	1	332	0	0	718
吉　林	0	0	131	0	0	2 206
黑龙江	0	5	77	0	269	1 412
上　海	0	9	116	0	0	1 464
江　苏	0	54	578	0	434	3 476
浙　江	4	36	248	0	1 659	12 617
安　徽	2	18	406	0	335	1 670
福　建	0	3	111	0	0	1 872
江　西	1	5	102	0	0	1 043
山　东	2	25	715	2 568	4 476	17 023
河　南	0	2	285	0	23	288
湖　北	2	68	986	0	0	4 431
湖　南	82	60	825	1	36	3 956
广　东	20	118	1 479	0	0	3 686
广　西	0	1	33	0	0	16
海　南	0	0	4	0	0	1
重　庆	0	0	0	0	0	0
四　川	7	25	424	1	442	1 796
贵　州	0	0	112	0	0	375
云　南	1	9	79	0	0	31
陕　西	1	0	66	0	0	326
甘　肃	0	2	79	0	51	653
青　海	1	0	33	1	6	269
宁　夏	0	0	6	0	0	201
新　疆	0	6	203	0	0	650

附录：

主要统计指标解释

表 1、表 1-1　主要指标解释

1. 汇总乡镇数：指按本统计调查制度要求，填报农村集体经济收益分配统计报表的乡镇、街道办事处或其他乡镇级单位个数。乡镇级单位是指经省、自治区、直辖市人民政府批准设立在农村的乡镇一级行政区划单位。除县城关镇、城市街道办事处和工矿区以外的所有乡镇都应纳入统计范围，有农村经济的县城关镇、街道办事处也应纳入。大中城市以农业为主的郊区也应按建制纳入统计范围。

2. 汇总村数：指有关经济情况汇入到农村集体经济收益分配统计表中的行政村数，其统计口径与原来汇总村民委员会数相同。所有成立村民委员会的村、或由村民委员会改为居民委员会（社区委员会）的村，只要还存在农业经济、存在纳入农村集体资产管理范围的集体资产，都应纳入统计范围。

3. 村集体经济组织数：指在行政村一级为管理、协调行政村范围内的农村集体土地资源和其他集体资产的开发、经营，并为农户家庭经营提供服务而设立的集体经济组织数。依据宪法、民法通则、农业法等相关法律和有关政策精神，行政村范围内应当设立相应的集体经济组织，有些地方设立了村集体经济组织，还有些地方尚没有设立，由村民委员会代行村集体经济组织职能。村集体经济组织有的地方称为经济联合社，有的经过改制成立股份经济联合社，也有的改制成立了名称不一的"公司"；有的地方村集体经济组织的负责人与村党支部、村民委员会成员交叉任职，只要有相应的集体经济组织名称就应纳入统计范围。乡镇一级成立的集体经济组织、村以下村民小组（原生产队）一级成立的集体经济组织、村内部分村民小组联合成立的集体经济组织不在本指标统计范围内。

4. 村委会代行村集体经济组织职能的村数：指在汇总村数中，没有明确设立村集体经济组织，由村民委员会代行管理、协调行政村范围内的农村集体土地资源和其他集体资产的开发、经营以及为农户家庭经营提供服务等集体经济组织有关职能的村数。

5. 汇总村民小组数：指汇总的行政村所属的村民小组个数。

6. 组集体经济组织数：指在村民小组一级成立的为管理、协调本组范围内的集体土地资源和其他集体资产的开发、经营，以及为农户家庭经营提供服务的经济社（经济合作社）、股份合作社等相应名称的集体经济组织数，不包括村内部分村民小组联合成立的集体经济组织。没有相应的集体经济组织名称，由村民小组代行组集体经济组织职能的，不纳入本指标统计范围。由于极少数地方存在村民小组与原生产队范围不一致的情况，填报时要注意该指标的口径范围，原生产队与村民小组范围不一致，则以原生产队范围组建的集体经济组织不在统计范围；如果两个以上的原生产队与村民小组范围一致，则该村民小组合并原生产队组建的集体经济组织或者联合原生产队组建的集体经济组织纳入该统计范围。

7. 汇总农户数：指在汇总村中与村集体有明确权利、义务关系的、户口在农村的常住户数。不包括在乡村地区内国家所有的机关、团体、学校、企业、事业单位的集体户。

8. 纯农户：指农户家庭中劳动力以从事第一产业劳动为主，第一产业收入占家庭纯收入 80％以上的农户（含 80％）。

9. 农业兼业户：指家庭劳动力既有从事第一产业劳动也有从事非农产业劳动，但以第一产业为主，第一产业收入占家庭纯收入 50％～80％的农户（含 50％）。

10. 非农业兼业户：指家庭劳动力既有从事第一产业劳动也有从事非农产业劳动，但以非农行业为主，第一产业收入占家庭纯收入 20％～

50%的农户（含20%）。

11. 非农户：指家庭中劳动力以从事非农行业劳动为主，第一产业收入占家庭纯收入20%以下的农户（不含20%）。

12. 汇总人口数：指汇总农户中户口在农村的常住人口数。

13. 汇总劳动力数：指汇总的整劳动力数和半劳动力数之和。整劳动力指男子18～50周岁，女子18～45周岁；半劳动力指男子16～17周岁，51～60周岁；女子16～17周岁，46～55周岁，同时具有劳动能力的人。虽然在劳动年龄之内，但已丧失劳动能力的人，不应算为劳动力；超过劳动年龄，但能经常参加劳动，计入半劳动力数内。

14. 从事家庭经营（劳动力数）：指年内六个月以上的时间在本乡镇内从事家庭经营的劳动力数。包括从事农业和非农产业经营的劳动力数。家庭经营指以农户家庭为基本经营单位，完全或主要依靠家庭成员自己的劳动，凭借自有或与他人合有以及承包集体的生产资料（主要是土地等）直接组织生产和经营，包括农户自营、承包经营、个体工商户和农村私营企业经营，但以农户或个人名义承包集体企业的不属于家庭经营范围。

15. 从事第一产业（劳动力数）：指在家庭经营中，从事农林牧渔业生产活动的劳动力。

16. 外出务工劳动力：指年度内离开本乡镇到外地从业，全年累计达3个月以上的农村劳动力。

17. 常年外出务工劳动力：指在外出劳动力中，全年累计在外劳动时间超过6个月的劳动力数量。

18. 乡外县内（外出劳动力）：指在常年外出劳动力中，在本乡镇外、所属县内从业的劳动力数量。

19. 县外省内（外出劳动力）：指在常年外出劳动力中，在本县外、所属省内从业的劳动力数量。

20. 省外（外出劳动力）：指在常年外出劳动力中，在本省外从业的劳动力数量。

21. 集体所有的农用地总面积：指农村集体所有的土地中实际用于农业用途的面积，即农林牧渔用地面积。

22. 耕地（面积）： 指经过开垦用以种植农作物并经常进行耕种的田地。包括种有作物的土地面积、休闲地、新开荒地和抛荒未满三年的土地面积。

23. （耕地）归村所有的面积： 指耕地中归行政村（原生产大队）一级农民集体所有的面积。

24. （耕地）归组所有的面积： 指耕地中归村民小组（原生产队）一级农民集体所有的面积。

25. 园地： 指成片种植果树、桑树、茶树的土地。

26. （园地）家庭承包经营面积： 指依据《农村土地承包法》实行集体经济组织农户家庭承包经营的耕地、园地面积中，截至统计调查期末用于种植果树、桑树、茶树的土地面积。

27. 林地： 指生长乔木、竹类、灌木、沿海红树林等种植林木的面积。

28. （林地）家庭承包经营面积： 指按照中共中央、国务院《关于全面推进集体林权制度改革的意见》，对集体林地的承包经营权和林木所有权，通过家庭经营承包方式落实到本集体经济组织农户的林地面积。

29. 草地： 指牧区和农区用于放牧牲畜或割草，植被覆盖度在 5% 以上的草原、草坡、草山等面积。包括天然的和人工种植或改良的草地面积。

30. （草地）家庭承包经营面积： 指按照《草原法》和有关草原承包政策实行集体经济组织农户家庭承包经营的草地面积。

31. 养殖水面： 指用于渔业养殖的水域、滩涂的面积。

32. （养殖水面）家庭承包经营面积： 指实行集体经济组织的农户家庭承包经营的养殖水面面积，不包括招标、拍卖、公开协商等方式承包的养殖水面面积。

33. 其他： 指在土地总面积中，除耕地、园地、林地、草地、养殖水面之外的面积，如工厂化作物栽培的生产设施用地及其相应附属用地，农村宅基地以外的养殖畜禽场地、晒谷场等农业设施用地。

34. 经营耕地 10 亩以下的农户数： 指经营耕地在 10 亩以下（不含

10 亩）的农户数。其他农户经营耕地规模的指标以此类推，如经营耕地
10~30 亩的农户数，包含 10 亩但不包含 30 亩。

表2、表2-1 主要指标解释

1. 家庭承包经营的耕地面积：指按照延长土地承包期三十年不变的
政策，农村集体经济组织农户以家庭承包方式承包农村集体所有或国家
所有由农民集体使用的耕地面积，包括第二轮延长土地承包期时实行家
庭承包经营的耕地面积和园地面积。该指标是为了反映农村土地承包政
策的落实情况，由于二轮农村土地延包时许多地方将园地也实行了家庭
承包，因此将这部分面积也纳入家庭承包经营的耕地面积进行统计，其
统计口径与基本情况统计表中的耕地面积不同。

2. 家庭承包经营的农户数：指按照延长土地承包期三十年不变的政
策，以家庭承包方式承包农村集体所有或国家所有由农民集体使用的土
地的农户数量。

3. 家庭承包合同份数：指采用家庭承包方式，发包方与承包方签订
的土地承包合同份数。

4. 颁发土地承包经营权证份数：指依据《中央办公厅、国务院办公
厅关于进一步稳定和完善农村土地承包关系的通知》（中办发〔1997〕
16 号）、《农村土地承包法》以及农业部颁发的《农村土地承包经营权证
管理办法》（2003 年农业部令 33 号）的规定，由县级以上地方人民政府
印制，并加盖县级以上地方人民政府印章，向承包农户家庭颁发的农村
土地承包经营权证书份数。个别省（区、市）向农民颁发了乡级人民政
府盖章的土地承包经营权证，也在统计之列，但需结合换发新证逐步规
范。包括向以家庭承包方式承包土地的农户家庭颁发的土地承包经营权
证，也包括以其他方式承包，经依法登记，由县级以上地方人民政府颁
发的土地承包经营权证。

5. 以其他方式承包颁发的（土地承包经营权证份数）：指不宜采取
家庭承包方式的荒山、荒沟、荒丘、荒滩等农村土地，通过招标、拍
卖、公开协商等方式承包的，经依法登记取得的农村土地承包经营权证
份数。

6. 机动地面积：指农村集体经济组织以农户家庭承包方式统一组织承包耕地时，预留的用于解决人地矛盾的耕地面积。新开发或土地整理新增加的耕地没有分包到户的、承包方依法自愿交回的耕地，也应纳入机动地统计。

7. 家庭承包耕地流转总面积：指以家庭承包方式承包土地的农户，按照依法、自愿、有偿的原则通过转包、转让、互换、出租、股份合作等方式，将其家庭承包经营的耕地流转给其他经营者的面积总和。

8. 转包：指农户家庭承包耕地流转面积中，承包农户将承包耕地转给本集体经济组织其他承包农户从事农业生产的耕地面积。转包后原土地承包关系不变，原承包方继续履行原土地承包合同规定的权利义务。接包方按转包时约定的条件对转包方负责。承包方将土地交他人代耕不足一年的除外。

9. 转让：指农户家庭承包耕地流转面积中，承包农户经发包方同意将承包期内部分或全部土地承包经营权让渡给第三方，由第三方履行相应土地承包合同的权利和义务的耕地面积。转让后原土地承包关系自行终止，原承包户承包期内的土地承包经营权部分或全部失去。

10. 互换：指承包方之间为各自需要和便于耕种管理，对属于同一集体经济组织的承包地块进行交换，同时交换相应的土地承包经营权。互换双方的面积均统计在内，如：甲以3亩与乙的2亩互换，即统计为5亩。但明确约定不互换土地承包经营权，只交换耕作的，不列入统计。

11. 出租：指农户家庭承包耕地流转面积中，承包农户将所承包的土地全部或部分租赁给本集体经济组织以外的他人从事农业生产的耕地面积。

12. 出租给乡镇以外人口或单位的：指农户家庭承包耕地流转面积中，承包农户将所承包的土地全部或部分租赁给户籍或注册登记不在本乡镇的人口或单位，从事农业生产的耕地面积。

13. 股份合作：指农户家庭承包耕地流转面积中，承包农户将土地承包经营权量化为股权，入股从事农业合作生产的耕地面积。

14. 耕地入股合作社的面积：指农户家庭承包耕地流转面积中，承包农户将土地承包经营权量化为股权，入股农民专业合作社的耕地面积。

15. 其他形式：指农户家庭承包耕地流转面积中，除采取转包、转让、互换、出租、股份合作形式以外的其他方式流转的耕地面积。包括委托他人代耕不足1年的。

16. 流转用于种植粮食作物的面积：指流转用于种植谷类、豆类、薯类等粮食作物的耕地面积。

17. 签订耕地流转合同份数：指以家庭承包方式承包耕地的农户流转耕地承包经营权时，与受让方签订的耕地承包经营权流转合同份数。

18. 仲裁委员会数：指按照《农村土地承包经营纠纷调解仲裁法》设立的农村土地承包仲裁委员会个数。

19. 仲裁委员会人员数：指按照《农村土地承包经营纠纷调解仲裁法》设立的仲裁委员会的组成人员数。

农民委员人数：指仲裁委员会组成人员中，农民代表人数。

20. 聘任仲裁员数：指仲裁委员会依法聘任的专门从事农村土地承包经营纠纷仲裁工作的人员数。

21. 仲裁委员会日常工作机构人数：指依法承担仲裁委员会日常工作的机构的人数。日常工作机构一般由当地农村土地承包管理部门承担，由其他部门承担或单独设立的也应纳入统计范围。

专职人员数：指日常工作机构中专门从事仲裁委员会日常工作的人员数。

22. 受理土地承包及流转纠纷总量：指村民委员会、乡镇人民政府和农村土地承包仲裁委员会受理的农村土地承包经营纠纷数量。

23. 土地承包纠纷数：指因订立、履行、变更、解除和终止农村土地承包合同和因收回、调整承包地以及因确认农村土地承包经营权发生的纠纷数量。

24. 土地流转纠纷数：指因农村土地承包经营权转包、出租、互换、转让、股份合作等流转发生的纠纷数量。

25. 其他纠纷数：指土地承包纠纷、土地流转纠纷以外的农村土地承包经营纠纷数量。包括因侵害农村土地承包经营权发生的纠纷和法律、法规规定的其他农村土地承包经营纠纷等。

26. 调处纠纷总数：指村民委员会、乡镇人民政府和农村土地承包仲裁委员会已经调解和仲裁的纠纷数量。

27. 调解纠纷数：指村民委员会、乡镇人民政府调解处理的纠纷数量。

28. 仲裁纠纷数：指农村土地承包仲裁委员会调解和仲裁的纠纷数量。

29. 当年征收征用集体土地面积：指当年各级人民政府实际征收征用农民集体所有的土地的面积。

30.（征收征用）涉及农户承包耕地面积：指当年各级人民政府实际征收征用农民集体所有的土地中农户承包的耕地面积。

31. 涉及农户数：指当年各级人民政府实际征收征用农户承包耕地涉及的农户数量。

32. 涉及人口数：指当年各级人民政府实际征收征用农户承包耕地涉及的承包农户家庭人口数量。

33. 当年获得土地补偿费总额：指农村集体经济组织和农民因国家征收征用农村集体土地而得到的土地补偿费、安置补助费、青苗补偿费和地上附着物补偿费总额。

34. 留作集体公积公益金的（补偿费）：指当年各级政府征收征用农民集体所有的土地，支付给农村集体经济组织的补偿费中，留作集体积累的部分。不包括应分配给农户由村组织暂收尚未分配给农户的补偿费（包括地上附着物补偿费、青苗补偿费）。

35. 分配给农户的（补偿费）：指当年农村集体经济组织的农户因各级政府征收征用农村集体所有的土地而得到的补偿费总额，包括土地补偿费、安置补助费、青苗补偿费和地上附着物补偿费。

表3、表3-1　主要指标解释

1. 家庭农场：以家庭成员为主要劳动力，从事农业规模化、集约化、商品化生产经营，并以农业为主要收入来源的新型农业经营主体。

农业部门认定家庭农场：按照《农业部关于促进家庭农场发展的指导意见》要求，符合当地农业部门提出的家庭农场认定标准，纳入当地农业部门家庭农场档案或名录的家庭农场。

2. **被县级以上农业部门认定为示范性家庭农场的（数量）**：指依据县级以上农业部门出台的有关办法，审查认定为示范性家庭农场的数量。

3. **家庭农场经营土地面积**：指家庭农场实际经营农地的面积。

4. **耕地（面积）**：指家庭农场经营土地面积中，按照《土地利用现状分类》（GB/T 21010—2007），属于耕地的面积。

5. **家庭承包经营（耕地面积）**：指家庭农场实际经营耕地面积中以家庭承包方式获得的耕地面积。

6. **流转经营（耕地面积）**：指家庭农场实际经营耕地中属于流转而来的面积。

7. **草地（面积）**：指家庭农场经营农地面积中属于草地的面积。

8. **水面（面积）**：指家庭农场经营农地面积中，用于渔业养殖的水域、滩涂的面积。

9. **其他（面积）**：指在家庭农场经营土地总面积中，除耕地、园地、草地、水面之外的面积。

10. **家庭农场劳动力数量**：指家庭农场当年从事农业生产经营的家庭成员劳动力和常年雇工总数。

11. **家庭成员劳动力（数量）**：指家庭农场劳动力中身份为家庭成员的劳动力数量。

12. **常年雇工劳动力（数量）**：指家庭农场受雇期限年均9个月或按年计酬的雇工。

13. **种植业（家庭农场）**：指从事粮食作物、经济作物、园艺作物等农作物生产的家庭农场。

14. **粮食产业（家庭农场）**：指从事谷物、豆类、薯类等农作物生产的家庭农场。

15. **（粮食产业家庭农场中）经营土地面积50～200亩（的家庭农场）**：指从事粮食作物种植面积在50亩以上，200亩以下的家庭农场。包括50亩的，但不包括200亩的。其他依次类推。

16. **畜牧业（家庭农场数量）**：指从事畜禽养殖和繁育的家庭农场。

17. 生猪产业（家庭农场）： 指从事饲养和繁育取得生猪的家庭农场。

18. 奶业（家庭农场）： 指从事饲养奶牛、奶羊获取牛奶、羊奶为主的家庭农场。

19. 渔业（家庭农场）： 指从事水产养殖、繁育的家庭农场。

20. 种养结合（家庭农场）： 综合开展种植业、养殖业生产经营的家庭农场。

21. 其他（家庭农场）： 指从事除种植业、畜牧业、渔业、种养结合类家庭农场以外的家庭农场。

22. 年销售农产品总值： 指家庭农场当年自主生产并出售的农、林、牧、渔等农产品的收入。不包括农民自食自用、赠送亲友部分。

23. 10 万元以下（年销售农产品总值）： 指本年度销售农产品总金额在 10 万元以下的家庭农场。

24. 10 万～50 万元（年销售农产品总值）： 指本年度销售农产品总金额在 10 万元以上，50 万元以下的家庭农场。包括 10 万元的，但不包括 50 万元的。其他依次类推。

25. 100 万元以上（年销售农产品总值）： 指本年度销售农产品总金额在 100 万元（含 100 万元）以上的家庭农场。

26. 购买农业生产投入品总值： 指家庭农场本年度购买的农用生产资料等投入品总金额。

27. 拥有注册商标的家庭农场数： 指拥有注册商标的家庭农场数量。

28. 通过农产品质量认证的家庭农场数： 指通过无公害农产品、绿色食品、有机食品、森林产品等质量认证的家庭农场数量。

29. 获得财政扶持资金的家庭农场数： 指获得各级财政资金扶持的家庭农场数量。

30. 各级财政扶持资金总额： 指家庭农场当年获得各级财政扶持资金的总额。

31. 省级（财政扶持资金）： 指家庭农场当年获得的省级财政扶持资金的金额。

32. 市级（财政扶持资金）： 指家庭农场当年获得的市级财政扶持资

金的金额。

33. 县级及以下（财政扶持资金）： 指家庭农场当年获得的县级及以下（乡、镇）财政扶持资金的金额。

34. 获得贷款支持家庭农场数： 指当年获得贷款支持的家庭农场数量。

35. 获得贷款资金总额： 指当年家庭农场获得贷款支持资金总额。

36. 20万元及以下（数量）： 指本年度获得贷款支持金额在20万元及以下的家庭农场数量。包括20万元的。

37. 20万～50万元（数量）： 指本年度获得贷款支持金额在20万元以上，50万元以下的家庭农场数量。包括20万元的，不包括50万元的。

38. 50万元以上（数量）： 指本年度获得贷款支持金额50万元以上的家庭农场数量。包括50万元的。

表4、表4-1 主要指标解释

1. 农民专业合作社数： 指符合《农民专业合作社法》关于专业合作社的性质、设立条件和程序、成员权利与义务、组织机构、财务管理等要求的名称为农民专业合作社的农民互助性经济组织数量，包括已在工商部门登记和虽未登记但符合上述要求的农民专业合作社，不包括以公司等名称登记注册的股份合作制企业、社区经济合作社、供销合作社、农村信用社等。

2. 被农业主管部门认定为示范社的（合作社数）： 指依据农业部印发的《农民专业合作社示范社创建标准（试行）》（农经发〔2010〕8号）；由县级以上（包括县级）农业行政主管部门授予农民专业合作社示范社称号的合作社数量。

3. 农民专业合作社成员数： 指农民专业合作社年末在册成员数量。

4. 普通农户数： 指农民专业合作社年末在册成员中身份为农民，且未被农业部门认定为专业大户和家庭农场标准的成员数量。

5. 专业大户及家庭农场成员数： 指农民专业合作社年末在册成员中身份为农民，且被农业部门认定为专业大户、家庭农场的成员数量。

6. 企业成员数：指农民专业合作社年末在册成员中身份为企业的成员数量。

7. 其他团体成员数：指除自然人成员外，按照《农民专业合作社法》有关规定加入合作社的企业、事业单位、或社会团体数量。

8. 农民专业合作社带动非成员农户数：指与农民专业合作社发生业务往来的非成员农户数量，包括接受各种服务和培训的非成员农户。

9. 种植业（合作社）：指以粮食作物、经济作物、园艺作物等农作物生产经营服务为主，涉及产品加工、仓储、运输、销售服务的农民专业合作社数量。

10. 粮食产业（合作社）：指以谷物、豆类、薯类生产经营服务为主，涉及加工、仓储、运输、销售服务的农民专业合作社数量。

11. 蔬菜产业（合作社）：指以蔬菜生产经营服务为主的农民专业合作社数量。

12. 林业（合作社）：指通过栽培林木以获取木材、林产品及其加工品的农民专业合作社数量。

13. 畜牧业（合作社）：指以畜禽养殖、繁育为主，涉及产品、牧草、饲料的加工和销售服务的农民专业合作社数量。

14. 生猪产业（合作社）：指通过饲养、繁育取得生猪产品的农民专业合作社数量。

15. 奶业（合作社）：指通过饲养奶牛、奶羊获取牛奶、羊奶及加工品的农民专业合作社数量。

16. 肉牛羊产业（合作社）：指通过饲养、繁育取得肉牛羊产品的农民专业合作社数量。

17. 渔业（合作社）：指以水产养殖、繁育及捕捞为主，涉及产品加工和销售服务的农民专业合作社数量。包括海水渔业和淡水渔业。

18. 服务业（合作社）：指专门为农业生产者提供产前、产中、产后服务的农民专业合作社数量。

19. 农机服务（合作社）：指以提供农机作业服务为主的农民专业合作社数量。

20. 植保服务（合作社）：指以提供防治病虫害等植物保护服务为主

的农民专业合作社数量。

21. 土肥服务（合作社）：指以提供测土配方施肥、土壤改良等以抬高土壤肥力服务为主的农民专业合作社数量。

22. 金融保险服务（合作社）：指以为专业合作社成员提供金融、互助保险等服务为主的农民专业合作社数量。

23. 其他（合作社）：指除种植业、林业、畜牧业、渔业、服务业以外的农村各行业的农民专业合作社数量。

24. 牵头人身份：指农民专业合作社的法定代表人（理事长）或牵头领办人的职业身份。农民专业合作社的负责人由农民担任的属于农民牵头领办，由企业指派的代表担任的属于企业牵头领办，由基层农技服务组织指派的代表担任的属于基层农技服务组织牵头领办，由基层供销社、社会团体等指派的代表担任的纳入其他牵头人领办。

25. 产加销一体化服务：指为成员提供生产、加工、储藏、包装、销售各环节一体化服务的农民专业合作社数。

26. 生产服务为主：指主要为成员生产环节提供服务的农民专业合作社。如：为种植业生产提供耕种、施肥、病虫害防治、收获及生产技术咨询等服务，为养殖业生产提供良种繁育、疫病防治、饲养技术咨询等服务。

27. 购买服务为主：指主要为成员提供购买农业生产资料的农民专业合作社数量。

28. 仓储服务为主：指主要为成员提供仓储服务的农民专业合作社数量。

29. 运销服务为主：指主要为成员提供运输、销售服务的农民专业合作社数量。

30. 加工服务为主：指主要为成员提供农产品加工服务的农民专业合作社数量。

31. 其他（经营服务类型合作社）：指除产加销一体化服务为主、生产服务为主、购买服务为主、仓储服务为主、运销服务为主、加工服务为主类型以外的农民专业合作社数量。

32. 非土地股份合作社数量：指合作社成员不以土地承包经营权入

股方式组建的农民专业合作社的数量。

33. 土地股份合作社数量：指以土地承包经营权入股方式为主组建的农民专业合作社的数量。

34. 入股土地面积：指土地股份合作社年末在册成员入股合作社的土地承包经营权面积。

35. 土地股份合作社成员数：指土地股份合作社社年末在册成员数。

36. 未开展内部信用合作的合作社数：指未在农民专业合作社成员内部开展资金互助服务的合作社数量。

37. 开展内部信用合作的合作社数：指在农民专业合作社成员内部开展资金互助服务的合作社数量。

38. 涉及合作社成员数：指本年度参与农民专业合作社内部资金互助服务的成员数量。

39. 合作社成员入股互助资金：指本年度参加内部信用合作服务的合作社成员，以入股方式缴纳的互助资金总额。

40.（合作社）成员使用互助资金总额：指本年度农民专业合作社成员使用合作社互助资金的总额。

41. 统一组织销售农产品总值：指农民专业合作社本年度为成员和非成员统一组织销售的农产品的总金额。包括农民专业合作社统一为成员和非成员销售产品、接受成员委托代销的产品、企业通过农民专业合作社收购成员的产品。

42. 统一销售农产品达 80％以上的（合作社数）：指农民专业合作社本年度为成员统一销售产品占成员当年销售产品总值 80％以上的农民专业合作社数量。

43. 统一组织购买农业生产投入品总值：指农民专业合作社本年度为成员和非成员统一组织购买的农用生产资料等投入品总金额。

44. 统一购买比例达 80％以上的（合作社数）：指农民专业合作社本年度为成员统一购买农业生产投入品占成员当年农业生产投入品购买总额 80％以上的农民专业合作社数量。

45. 培训成员数：指农民专业合作社本年度对成员进行技术、营销以及合作思想等方面培训的累计人次。

46. **拥有注册商标的合作社数**：指通过直接注册或经授权许可使用各类农产品商标的农民专业合作社数量。

47. **通过农产品质量认证的合作社数**：指通过无公害农产品、绿色食品、有机食品、森林产品等质量认证的合作社数量。

48. **创办加工实体的合作社数**：指创办了农产品和非农产品加工实体的农民专业合作社数量。

49. **农民专业合作社经营收入**：指合作社为成员提供农业生产资料的购买、农产品的销售、加工、运输、储藏以及与农业生产经营有关的技术、信息等服务取得的收入，以及销售合作社自己生产的产品、对非成员提供劳务等取得的收入。

50. **农民专业合作社上缴的税金总额**：指农民专业合作社上缴的各类税金总额。

51. **农民专业合作社盈余**：指合作社本年度获得的盈余总额。即经营收入＋投资收益＋其他收入－经营支出－管理费用－其他支出

合作社的投资收益：指合作社对外投资分的利润、现金股利和债券利息，以及投资到期收回或者中途转让取得款项高于账面余额的差额等

合作社的其他收入：是指合作社除经营收入以外的收入。

合作社经营支出：指合作社为成员提供农业生产资料的购买、农产品的销售、加工、运输、贮藏以及与农业生产经营有关的技术、信息等服务取得的收入，以及销售合作社自己生产的产品、对非成员提供劳务等活动发生的实际成本。

合作社的管理费用：指合作社管理活动发生的各项支出，包括管理人员工资、办公费、差旅费、管理用固定资产折旧、业务招待费、无形资产摊销等。

其他支出：指合作社除经营支出、管理费用以外的支出。

52. **农民专业合作社可分配盈余**：指农民专业合作社本年度实现的盈余，在弥补亏损和提取公积金后可在合作社成员中分配的金额，即可分配盈余＝总收入－总支出－上交税金－弥补亏损－提取公积金。

53. **按交易量返还成员总额**：指农民专业合作社本年度从可分配盈余中按与社员交易量（额）的比例返还给成员的总金额。

54. 按股分红总额：指农民专业合作社本年度以成员账户中记载的出资额和公积金份额，以及本社接受国家财政直接补助和他人捐赠形成的财产平均量化到成员的份额，按比例分配给本社成员的红利金额。

55. 可分配盈余按交易量返还成员的合作社数：指本年度按法律和章程规定，将可分配盈余按与社员交易量（额）的比例返还给成员的农民专业合作社数量。

56. 提留公积金、公益金及风险金的合作社数：指本年度按照法律和章程规定提留公积金、公益金及风险金的农民专业合作社数量。

57. 当年获得财政扶持资金的合作社数：指本年度获得中央、省等各级财政资金扶持的农民专业合作社数量。

58. 农业部门扶持（合作社数）：指各级农业部门利用财政资金扶持的农民专业合作社数量。

59. 当年各级财政专项扶持资金总额：指本年度中央、省、地、县、乡各级财政对农民专业合作社的专项扶持资金总额。

60. 当年承担国家涉农项目的合作社数：指本年度承担国家涉农财政项目的农民专业合作社数量。

61. 当年贷款余额：指本年末农民专业合作社尚未归还各类金融机构的贷款总额。

62. 其他农民专业合作组织数：指专业协会、专业联合社和专业联合会的数量总和。

63. 专业协会：指由同类农产品的生产经营者或者同类农产品生产服务的提供者、利用者，自愿组织起来，有专业协会或其他名称，有较稳定的会员和组织骨干，有一定的管理和分配办法，以增加成员的收入为目的，为成员提供生产资料的购买，农产品的销售、加工、运输、储藏以及技术、信息服务的民办技术经济合作组织总数。不包括行业协会、学会等社会团体，也不包括以公司等名称登记注册的股份合作制企业、社区经济合作社、供销合作社、农村信用社等。

64. 专业联合社：指由3个以上专业合作社为主体，自愿联合成立的农民专业合作经济联合组织，一般称为专业联合社。

65. 专业联合会：指由3个以上专业协会为主体，自愿联合成立的农民专业合作经济联合组织，一般称为专业联合会。

66. 其他农民专业合作组织成员数：指专业协会、专业联合社和专业联合会成员的数量总和。

67. 专业协会成员：指专业协会年末在册成员数。

68. 专业联合社成员：指专业联合社的年末团体成员数，即加入专业联合社的农民专业合作社数量。

69. 专业联合会成员：指专业联合会的年末团体成员数，即加入专业联合会的农民专业协会数量。

70. 其他农民专业合作组织带动非成员农户数：指与农民专业协会、专业联合社和专业联合会发生业务往来的非成员农户数量，包括接受各种服务和培训的非成员农户。

表5、表5-1 主要指标解释

1. 经营收入：指村集体经济组织进行各项生产、服务等经营活动取得的收入。本指标应根据"经营收入"科目的本年发生额分析填列。

2. 发包及上交收入：指村集体经济组织取得的农户和其他单位上交的承包金及村（组）办企业上交的利润等。本指标应根据"发包及上交收入"科目的本年发生额分析填列。

3. 投资收益：指村集体经济组织对外投资取得的收益。本指标应根据"投资收益"科目的本年发生额分析填列；如为投资损失，以"一"号填列。

4. 补助收入：指村集体经济组织获得的财政等有关部门的补助资金。本指标应根据"补助收入"科目的本年发生额分析填列。

5. 其他收入：指村集体经济组织与经营管理活动无直接关系的各项收入。本指标应根据"其他收入"科目的本年发生额分析填列。

6. 经营支出：指村集体经济组织因销售商品、农产品、对外提供劳务等活动而发生的支出。本指标应根据"经营支出"科目的本年发生额分析填列。

7. 管理费用：指村集体经济组织管理活动发生的各项支出。本指标应根据"管理费用"科目的本年发生额分析填列。

8. 干部报酬：指村集体经济组织年度内用于本村行政管理干部的补助款。本指标应根据"管理费用"科目有关明细科目的本年发生额分析填列。

9. 报刊费：指村集体经济组织年度内用于订阅报刊杂志发生的费用。此数据由管理费用项相对应的明细科目中查寻填列。

10. 其他支出：指村集体经济组织与经营管理活动无直接关系的各项支出。本指标应根据"其他支出"科目的本年发生额分析填列。

11. 本年收益：指村集体经济组织本年实现的收益总额。如为亏损总额，本项目数字以"－"号填列。

12. 年初未分配收益：指村集体经济组织上年度未分配的收益。本指标应根据上年度收益及收益分配表中的"年末未分配收益"数额填列。如为未弥补的亏损，本项目数字以"－"号填列。

13. 其他转入：指村集体经济组织按规定用公积公益金弥补亏损等转入的数额。

14. 可分配收益：指村集体经济组织年末可分配的收益总额。本指标应根据"本年收益"项目、"年初未分配收益"项目和"其他转入"项目的合计数填列。

15. 各项分配：指村集体经济组织进行的各项收益分配，具体包括下列几项：

（1）提取公积金、公益金：指村集体经济组织当年提取的公积金、公益金。

（2）提取应付福利费：指村集体经济组织当年提取的用于集体福利、文教、卫生等方面的福利费（不包括兴建集体福利等公益设施支出），包括照顾烈军属、五保户、困难户的支出，计划生育支出，农民因公伤亡的医药费、生活补助及抚恤金等。

（3）外来投资分利：指村集体经济组织向外来投资者的分利。

（4）农户分配：指村集体经济组织向所属成员分配的款项。

（5）其他分配：指除上述分配项目以外的其他分配项目。

16. 年末未分配收益：指村集体经济组织年末累计未分配的收益。本指标应根据"可分配收益"项目扣除各项分配数额的差额填列。如为

未弥补的亏损，本项目数字以"－"号填列。

17. 汇入本表村数：指本统计表统计的村数。

18. 当年有经营收益的村：指集体经营收益是指村集体经济组织经营收入、发包及上交收入及投资收益之和，减去经营支出和管理费用后的差额。其计算方法为：经营收入＋发包及上交收入＋投资收益－经营支出－管理费用＝集体经营收益。其计算结果为零或小于零的村，统计为无经营收益的村。其计算结果大于零的村，统计为有经营收益的村，具体划分以下几组：

（1）5万元以下的村：指村集体经济组织当年集体经营收益不足5万元的村。

（2）5万～10万元的村：指村集体经济组织当年集体经营收益在5万元以上，不足10万元的村。包括5万的村，不包括10万元的村。其他依次类推。

（3）100万元以上的村：指村集体经济组织当年集体经营收益超过100万元的村。

19. 当年扩大再生产支出：指村集体经济组织为扩大生产规模当年发生的支出。包括为扩大生产规模新购建、改扩建固定资产的支出和追加流动资金的支出。不包括为维持原生产规模发生的固定资产更新改造支出。

20. 当年公益性基础设施建设投入：指当年村集体经济组织利用自有资金、一事一议资金和财政资金等兴修村内道路、水利、电力、文化、卫生、体育、教育等公益性设施投入。应从村集体经济组织资产及支出类帐户中分析填列。

21.（当年）获得一事一议奖补资金：指在一事一议筹资筹劳的基础上，中央和地方财政为鼓励村民筹资筹劳建设村级公益事业而给予的奖补资金。

22. 当年村组织支付的公共服务费用：指当年村组织用自有资金支付的公共卫生（如垃圾处理、防疫）、教育、计划生育、优抚、五保户供养、消防、治安、公益设施维护和应对突发公共事件而发生的劳务费用、优抚和供养资金、材料费、运输费等，但不包括村组织的管理费用。

23. 农村集体建设用地出租出让宗数：指本年度发生的农村集体经济组织出租、出让农村集体建设用地使用权的次数。

出租，是指农村集体经济组织将农村集体建设用地使用权以一定期限租赁给使用者使用，并收取租金的行为。

出让，是指农村集体经济组织将农村集体建设用地使用权在一定期限内让与土地使用者，由土地使用者向农村集体经济组织支付土地使用权出让金的行为，包括协议、招标、拍卖、挂牌出让等。

农村集体经济组织将农民集体所有的厂房、店铺等地上建筑设施连同农村集体建设用地使用权一并出租出让时，按农村集体建设用地使用权出租出让统计。

24. 农村集体建设用地出租出让面积：指本年度发生的农村集体经济组织出租、出让农村集体建设用地使用权的土地面积。

农村集体经济组织将农民集体所有的厂房、店铺等地上建筑设施连同农村集体建设用地使用权一并出租出让时，按农村集体建设用地使用权统计出租出让面积。

25. 农村集体建设用地出租出让收入：指本年度农村集体经济组织出租出让农村集体建设用地使用权的成交价总额。出租，以报告期实际收入为准；出让，以签订的合同金额为准。

农村集体经济组织将农民集体所有的厂房、店铺等地上建筑设施连同农村集体建设用地使用权一并出租出让时，一并统计为农村集体建设用地使用权出租出让收入。

表6、表6-1　主要指标解释

1. 流动资产：指村集体经济组织所有的流动资产，包括现金、银行存款、短期投资、应收款项、存货等。

2. 货币资金：指村集体经济组织的库存现金、银行存款等货币资金。本指标应根据"现金"、"银行存款"科目的年末余额合计填列。

3. 短期投资：指村集体经济组织购入的各种能随时变现并且持有时间不超过一年（含一年）的有价证券等投资。本指标应根据"短期投资"科目的年末余额填列。

4. 应收款项：指村集体经济组织应收而未收回和暂付的各种款项。本指标应根据"应收款"科目年末余额和"内部往来"各明细科目年末借方余额合计数合计填列。

5. 存货：指村集体经济组织年末在库、在途和在加工中的各项存货，包括各种原材料、农用材料、农产品、工业产成品等物资、在产品等。本指标应根据"库存物资"、"生产（劳务）成本"科目年末余额合计填列。

6. 农业资产：指村集体经济组织的牲畜（禽）资产和林木资产等农业资产。

7. 牲畜（禽）资产：指村集体经济组织购入或培育的幼畜及育肥畜和产役畜的账面余额。本指标应根据"牲畜（禽）资产"科目的年末余额填列。

8. 林木资产：指村集体经济组织购入或营造的林木的账面余额。本指标应根据"林木资产"科目的年末余额填列。

9. 长期投资：指村集体经济组织不准备在一年内（不含一年）变现的投资。本指标应根据"长期投资"科目的年末余额填列。

10. 固定资产：指村集体经济组织的房屋、建筑物、机器、设备、工具、器具和农业基本建设设施等劳动资料，凡使用年限在一年以上、单位价值在500元以上的列为固定资产。有些主要生产工具和设备，单位价值虽低于规定标准，但使用年限在一年以上的，也可列为固定资产。

应注意，统计表中的"固定资产"指标既不是固定资产的原值，也不是固定资产的净值，它是反映所有已购建、在建和清理中固定资产价值的一个综合指标。其计算公式为：固定资产合计＝固定资产净值＋固定资产清理＋在建工程

11. 固定资产原值：指村集体经济组织各种固定资产的原始价值。本指标应根据"固定资产"科目的年末余额填列。

12. 累计折旧：指村集体经济组织各种固定资产的累计折旧。本指标应根据"累计折旧"科目的年末余额填列。

13. 固定资产净值：指村集体经济组织所有固定资产的实际价值。即固定资产原值减去累计折旧余额后的差额。

14. 固定资产清理：指村集体经济组织因出售、报废、毁损等原因转入清理但尚未清理完毕的固定资产的账面净值，以及固定资产清理过程中所发生的清理费用和变价收入等各项金额的差额。本指标应根据"固定资产清理"科目的年末借方余额填列；如为贷方余额，本项目数字应以"－"号表示。

15. 在建工程：指村集体经济组织各项尚未完工或虽已完工但尚未办理竣工决算的工程项目的实际成本。本指标应根据"在建工程"科目的年末余额填列。

16. 其他资产：指村集体经济组织所有的，不属于流动资产、农业资产、长期投资、固定资产的其他资产，如无形资产等。本指标应根据"无形资产"等有关科目的年末余额填列。

17. 流动负债：指村集体经济组织偿还期在一年以内（含一年）的债务，包括短期借款、应付款项、应付工资、应付福利费等。

18. 短期借款：指村集体经济组织借入尚未归还的一年期以下（含一年）的借款。本指标应根据"短期借款"科目的年末余额填列。

19. 应付款项：指村集体经济组织应付而未付及暂收的各种款项。本指标应根据"应付款"科目年末余额和"内部往来"各明细科目年末贷方余额合计数合计填列。

20. 应付工资：指村集体经济组织已提取但尚未支付的职工工资。本指标应根据"应付工资"科目年末余额填列。

21. 应付福利费：指村集体经济组织已提取但尚未使用的福利费金额。本指标应根据"应付福利费"科目年末贷方余额填列；如为借方余额，本项目数字应以"－"号表示。

22. 长期负债：指村集体经济组织偿还期超过一年以上（不含一年）的债务，包括长期借款及应付款、一事一议资金等。

23. 长期借款及应付款：指村集体经济组织借入尚未归还的一年期以上（不含一年）的借款以及偿还期在一年以上（不含一年）的应付未付款项。本指标应根据"长期借款及应付款"科目年末余额填列。

24. 一事一议资金：指村集体经济组织应当用于一事一议专项工程建设的资金数额。本指标应根据"一事一议资金"科目年末贷方余额填列；如为借方余额，本项目数字应以"—"号表示。

25. 所有者权益：指投资者对村集体经济组织净资产的所有权，包括资本、公积公益金、未分配收益等。

26. 资本：指村集体经济组织实际收到投入的资本总额。本指标应根据"资本"科目的年末余额填列。

27. 公积公益金：指村集体经济组织公积公益金的年末余额。本指标应根据"公积公益金"科目的年末贷方余额填列。

28. 未分配收益：指村集体经济组织尚未分配的收益。本指标应根据"本年收益"科目和"收益分配"科目的余额计算填列；未弥补的亏损，在本项目内数字以"—"号表示。

29. 经营性固定资产原值：指村组集体经济组织年度结束时仍存在的直接用于生产经营或生产服务的各种固定资产原值，包括房屋及建筑物、机器、设备、工具、器具及农业基本建设设施等，以及在经营性租赁方式下出租给其他单位或个人使用的固定资产原值。本指标应根据"固定资产"和"在建工程"科目的明细记录逐项分析填列。

30. 经营性负债：指村集体经济组织用于生产经营活动而发生的负债余额。此数据应从相关负债类明细科目借贷双向发生额及历史记录分析计算填列。

31. 兴办公益事业负债：指由于村集体经济组织为兴办文化、教育、体育、卫生等公益事业和公共设施而发生的负债余额。如：兴办教育、修建道路、自来水设施、环境治理等而发生的负债至统计截止日止尚未归还的负债。此数据应从相关负债类明细科目借贷双向发生额及历史记录分析计算填列。

32. 当年新增负债：指村（组）集体经济组织当年因生产经营活动和兴办公益事业而增加的负债总额。此数据应从相关负债类明细科目借贷双向发生额及历史记录分析计算填列。

表7、表7-1　主要指标解释

1. 完成产权制度改革的村数：指村级集体经济组织按照农村集体经

济组织产权制度改革的要求，对村级集体经济组织所有的集体资产，进行清产核资、资产量化、股权设置、股权管理，建立股东大会、董事会、监事会等管理决策机制、收益分配机制，完成村级集体经济组织产权制度改革的村数。不包括村级完成农村土地承包经营权确权登记颁证、林权制度改革的情况，以及村办企业实行股份制、股份合作制改革的情况。

2. 量化资产总额：指完成产权制度改革的村，在产权制度改革时点量化资产的金额。

3. 股东总数：指完成产权制度改革的村股东合计数，包括：村集体股的股东个数、社员个人持有股份的人数、其他社会自然人持有股份的人数、其他企业法人股东个数等。

4. 集体股东：指村级集体经济组织持有集体股的村数。

5. 社员个人股东：指本村集体经济组织社员个人持有股份的人数。

6. 累计股金分红总额：指完成产权制度改革的村，历年累计股东分红总额。

7. 当年股金分红总额：指完成产权制度改革的村，当年股东分红总额。

8. 集体股股东分红总额：指完成产权制度改革的村，当年集体股股东分红总额。

9. 个人股股东分红总额：指完成产权制度改革的村，当年个人股股东分红总额。

10. 当年上交税金总额：指完成产权制度改革的村，当年实际缴纳的各种税费总额。

11. 完成产权制度改革的组数：指组级集体经济组织按照农村集体经济组织产权制度改革的要求，已经完成清产核资、资产量化、股权设置、股权管理，建立股东大会、董事会、监事会等管理决策机制、收益分配机制，完成组级集体经济组织产权制度改革的村民小组数。不包括组级完成农村土地承包经营权确权登记颁证、林权制度改革的情况，以及组办企业实行股份制、股份合作制改革的情况。

12. 量化资产总额：指完成产权制度改革的村民小组，在产权制度改革时点量化资产的金额。

13. 股东总数：指完成产权制度改革的村民小组股东合计数，包括：村民小组集体股的股东个数、社员个人持有股份的人数、其他社会自然人持有股份的人数、其他企业法人股东个数等。

14. 集体股东：指组级集体经济组织持有集体股的村民小组数。

15. 社员个人股东：指本组集体经济组织社员个人持有股份的人数。

16. 累计股金分红总额：指完成产权制度改革的村民小组，历年累计股东分红总额。

17. 当年股金分红总额：指完成产权制度改革的村民小组，当年股东分红总额。

18. 实行财务公开村数：指按照《村集体经济组织财务公开暂行规定》的要求，依照乡镇会计委托代理机构审核的相关内容，以规定格式在每季度或月度规定时限内向所辖村群众公布本村财务活动情况及有关数据的村数。

19. 建立村民主理财小组的村数：指按照相关政策规定的要求，成立由村民大会或村民代表大会选举产生的以群众代表为主的民主理财小组，监督本集体经济组织日常财务收支活动的村数。

20. 实行村会计委托代理制的乡镇数：指在农民自愿且保证集体资产所有权、使用权、审批权和收益权不变的前提下，经履行民主程序后，与乡镇相关机构签订会计委托代理书面协议，将本集体会计工作交由代理机构负责处理，各村不再设会计或出纳，只配备兼职或专职报账员的乡镇数。

21. 实行会计电算化的村数：指具备使用财务专用软件，能够在计算机上完整处理本村日常财务收支业务，按照规范化管理要求，完成日常账务处理及票据、凭证等归档管理的村数。

22. 已审单位数：指审计机构已审计并作出结论，且在规定的时间内未申请复审的独立核算单位。如果一份审计报告包括多个被审单位，应按被审单位如数填列。定期审计的单位，无论周期长短，年内均按一个单位统计。复审单位只在终审时，按一个单位初审机构统计。

23. 违纪单位个数：指已审单位中有违纪问题的单位个数。

24. 已审单位资金总额：是指审计单位拥有资金的总额。

25. 违纪金额：指在审计结论中确定的各项违反财经纪律的金额。如复审按终审结论填列，只能统计一次，但复审后多出部分应包括在内。

26. 贪污案件数：指在一次审计中查出个人或集体贪污公共财物的案件数量。

27. 万元以上贪污案件数：指在一次审计中查出个人或集体贪污公共财物在万元以上的案件数量。

28. 贪污金额总额：指在审计结论中确定的个人或集体贪污公共财物金额的总和。如复审按终审结论填列，只能统计一次，但复审后多出部分应包括在内。

29. 受处分人数：指对违反财经法规的责任人员给予党纪、政纪处分或移交司法机关追究刑事责任的人数。

30. 受刑事处理人数：指对触犯刑法并通过司法程序追究刑事责任的人数。

31. 已成立审计机构的县数：指经县政府或机构编制部门正式批准设立审计机构的县数。

32. 已配备审计人员数：指无论是否成立了审计机构，凡是县、乡两级从事农经审计工作的人数，包括专职和兼职审计人员都应统计在内。

表8、表8-1　主要指标解释

1. 上交集体各种款项：指农户年内上交村集体经济组织的全部款项。其中包括以罚款名义收取的款项。不包括一事一议筹资、集资摊派和向有关部门或单位交纳的款项。

2. 土地承包金：指农户以承包金名义向村集体经济组织交纳的各种款项。包括专业或招标承包果园、鱼塘、机动地、"四荒"，按合同规定上交的承包金。

3. 共同生产费用：指农户以"村级共同生产费用"名义向村集体经济组织交纳的各种款项。如：水利设施维修费、灌溉和排涝费、集体林木管护费等。

4. 建房收费：指村集体经济组织向农户收取的有关农民建房方面的款项。如：宅基地费等。

5.（上交集体各种款项）其他款项：指农户向村集体经济组织交纳的上述项目以外的款项，其中包括以罚款名义收取的款项。如：土葬时交纳的款项（墓地占用费、林木补偿费、占用林地安置补偿费等）；对采取村集体经济组织内部家庭承包方式承包的土地，以承包费等名义交纳的费用；计划生育方面的收费。

6. 一事一议筹资：指依据有关政策规定，经民主程序讨论通过并履行规定的审批程序，当年向农民收取的用于村内农田水利基本建设、植树造林、修建村内道路、农业综合开发等集体生产生活公益事业的资金数额。

7. 农业生产性收费：指由政府定价、由有关部门或单位向农户收取的农业生产性费用。主要包括农业灌溉水费、农业灌溉电费等。

8. 农业灌溉水费：指国有水利工程水费、民办民营小型水利工程水费等。

9. 农业灌溉电费：指用电机为动力抽水灌溉农田，消耗电所支出的费用。包括由村集体经济组织为农户承担的电费。

10.（农业生产性收费的）其他收费：指上述项目以外的农业生产性收费。如：农业科技推广费、植物保护收费，易涝地区排涝排渍费等。

11. 行政事业性收费：指国家机关、事业单位、社会团体、具有行政管理职能的企业主管部门和政府委托的其他机构在履行或代行政府职能以及为特定群体提供特殊管理服务，按照非盈利原则收取的费用。它是政府非税收入的一种重要形式。涉及农民的行政事业性收费，包括证照工本费、管理性收费、资源性收费等。

12. 农民建房收费：指有关部门或单位向旧房翻建新房、用耕地和非耕地建房户收取

的办证工本费和其他收费，如耕地开垦费等。

13. 外出务工经商收费：指有关部门或单位向外出务工经商农民收

取的办证工本费和其他收费。

14. 农机、摩托车、三轮车和低速载货汽车收费：指农机是指 20 马力以下的小型方向盘拖拉机（含手扶拖拉机）、20 马力以上的大中型拖拉机（不包括联合收割机）。摩托车是指普通摩托车（最大设计时速大于 50 公里/小时或发动机气缸总排量大于 50 毫升，包括二轮、三轮）、轻便摩托车（最大设计时速小于等于 50 公里/小时或发动机气缸总排量小于等于 50 毫升）。三轮汽车是指原三轮农用运输车，以柴油机为动力，最高设计车速小于或等于 50 公里/小时，具有三个车轮和驾驶室，采取方向盘转向、由传动轴传递动力。低速载货汽车是指原四轮农用运输车，以柴油机为动力，最高设计车速小于或等于 70 公里/小时，具有四个车轮的货车。

农机、摩托车、三轮车、低速载货汽车收费是指有关部门或单位收取的农机监理费（号牌、号牌架、行驶证、年检费等）、养路费，摩托车、三轮车、低速载货汽车牌证费、行驶证、驾驶证、驾驶员考试费、养路费等项收费。不包括载货汽车、载客汽车和微型客、货汽车的收费。

15. 计划生育收费：指有关部门或单位向农村生育户收取的办证工本费、社会抚养费和其他收费。

16. （行政事业性收费的）其他收费：指上述项目以外的收费。如：有关证照工本费（身份证、结婚证等）、殡葬收费、生猪屠宰收费和矿产资源补偿费等。

17. 农村义务教育收费：指政府举办的农村小学、初中向学生收取的教育费用。不包括各种教育集资和高中、职业高中、中等专业学校、私立学校及高等教育学校等收取的费用。

18. 作业本费：指政府举办的农村小学、初中向学生收取的作业本费用。

19. 代办费：指保险费、校服、体检费、课外读物费、电影费、补课费等。

20. （农村义务教育）其他收费：指作业本费、代办费以外的教育收费，如：借读费、住宿费等，不包括伙食费。

21. 罚款：指各级政府及其部门和有关单位以"罚款"名义向农户收取的款项。

22. 集资摊派：指地方政府、各部门和村集体经济组织为了兴办某项事业和某项建设向农户筹集、摊收的款项。如：乡村道路集资摊派、水利集资摊派、办电集资摊派、报刊摊派、保险摊派、电影摊派等款项。不包括一事一议筹资。

23. 一事一议筹劳：指依据有关政策规定，经民主程序讨论通过并履行规定的审批程序，当年组织农民出工进行村范围内的农田水利基本建设、植树造林、修建村内道路、农业综合开发等集体生产生活公益事业的用工数。以工日计算。

24. 政府补贴：指政府对农民的各类生产性或收入性补贴款。如种粮直接补贴、退耕还林补贴、能繁母猪补贴、计划生育补贴、贫困学生补贴等。

25. 农业四项补贴：指政府发放给农民的种粮直接补贴、良种补贴、农机具购置补贴和农资综合直接补贴。

26.（政府补贴）其他补贴：指除农业四项补贴、退耕还林还草补贴以外的政府对农民的补贴款。

27. 一事一议筹资筹劳涉及村数：指当年开展一事一议筹资筹劳（包括只筹资、或只筹劳）的总村数。

28. 一事一议筹劳以资代劳工日数：指按当地规定的工值计算的以资代劳工日数。

29. 农村义务教育在校学生数：指政府举办的小学、初中在校的学生数。

30. 农村合作医疗收费：指农户按规定缴纳的"合作医疗"方面的款项。

31. 农民上交国家税金：指按照国家税法，当年缴纳的各种税款的实际数额。如增值税、消费税、营业税、所得税、耕地占用税、契税、印花税、利息税等。缴纳以后如有退还或减免数额，应予扣除。

表9、表9-1　主要指标解释

1. 农经机构：是指地方各级人民政府设立的承担农村经营管理职能

的机构数量，包括单独机构和综合机构。如行政性的处、办、科、股和事业性的农经站、会计辅导站、土地流转服务中心、专业合作经济组织服务中心以及承担农经工作的农业综合服务站（中心）等，两块牌子一套人马的按 1 个机构统计，经管职能由两个以上机构承担的分别统计。

2. 参公管理：指经地方人民政府批准，实行参照公务员法管理的农经机构数。

3. 乡级机构数：指乡镇一级设置的承担农村经营管理职能的工作机构数。有的地方由行政机构承担，有的地方由事业性机构承担，无论这些机构只承担农经职能，或者还承担其他职能，均应纳入统计范围。少数地方农村经营管理工作分别由两个机构甚至两个以上承担的，应分别统计。

4. 职责明确由行政机构承担的（乡镇机构数）：指乡镇一级已明确承担农村经营管理职能的行政机构数量。按照国务院要求，乡镇农村经营管理职能列入政府职责，一些地方明确了在乡镇政府中承担农经职能的工作机构，一般这些工作机构还承担其他职能，但只要明确承担农经职能就应纳入统计范围。

5. 职责由事业机构承担的（乡镇机构数）：指乡镇一级明确承担农村经营管理职能的事业性机构数。

6. 单独设置的：指乡镇农经机构总数中专职承担农村经营管理工作职能的机构数。

7. 综合设置的：指乡镇农经机构总数中除承担农经职能外还承担其他职能的机构数。如承担农经职能和农业技术推广职责的农业综合服务站（中心）、承担农经职能和财政职能的财政（经）所等。

8. 实有人数：指农经机构中实际在岗人员总数。单设机构按照全部在岗人员统计；综合机构中只统计明确承担经营管理工作的人员。

9. 村会计委托代理聘用人数：指乡镇农经机构为开展村会计委托代理服务而聘用的人员数。

10. 在编人数：指占用农经机构人员编制的人员数，即在编在岗和在编不在岗人员数之和。应注意的是对于同时承担其他职能的农经工作机构，应只统计比较稳定从事农经工作的人员。

11. 在编不在岗人数：指占用农经机构人员编制，但目前并未从事具体农经业务工作的人员数。

12. 有专业技术职称人数：指在编人员中经国家有关部门考评取得相应资格并由单位聘任为相应技术职务的人员数。

13. 接受培训的县乡农经人员数：指县乡两级实有农经人员中当年接受政策理论和业务知识培训的人次数。

14. 村（组）会计人数：指从事村、组集体经济组织（村民委员会和村民小组）会计工作的人数，不包括村会计委托代理服务聘用人员。

15. 领取《会计证》人数：指村组会计中已领取《会计证》的人数。

16. 接受培训人数：指年内村组会计中接受业务培训的人次数。

17. 有2个以上农经机构的乡镇数：指由2个以上机构（政府内设机构或事业单位）分别承担农村经营管理职能的乡镇数。

18. 有机构未明确人员的乡镇数：指虽明确了承担农经管理职能的机构，但该机构未明确承担农经工作人员，农经工作采取临时指派内部人员或找外部人员协助的乡镇数。

19. 明确承担农经职能机构的乡镇数：指明确了承担农经管理职能的机构的乡镇数。

20. 县乡土地流转服务中心数：是指县级农业主管部门或乡镇人民政府设立的提供农村土地承包经营权流转信息收集发布、政策咨询、合同规范、价格评估、产权交易、纠纷调处等服务的机构，包括单独服务机构和综合性服务机构。

21. 乡镇成立的土地流转服务中心数量：指乡镇人民政府设立的提供农村土地承包经营权流转信息收集发布、政策咨询、合同规范、价格评估、产权交易、纠纷调处等服务的机构，包括单独服务机构和综合性服务机构。

22. 县乡"三资"管理服务中心数量：是指由县级农业主管部门或乡镇人民政府设立提供农村集体"三资"（财务）委托代理、农村集体"三资"监管、农村集体资产资源招投标、农村集体财务审计监督等服务的机构，包括单独服务机构和综合性服务机构。

23. 乡镇成立的"三资"管理服务中心数量：是指由乡镇人民政府

设立提供农村集体"三资"（财务）委托代理、农村集体"三资"监管、农村集体资产资源招投标、农村集体财务审计监督等服务的机构，包括单独服务机构和综合性服务机构。

表 10、表 10 - 1　主要指标解释

1. 农经机构拥有计算机数：指地（市）、县（市、区）、乡镇级农村经营管理机构拥有的计算机数量，包括台式计算机和笔记本计算机。

2. 农经机构拥有服务器数：指地（市）、县（市、区）、乡镇级农村经营管理机构拥有的能为其他电子计算机提供数据服务的计算机系统，包括文件服务器、数据库服务器和应用程序服务器。

3. 农经机构拥有显示屏数：指地（市）、县（市、区）、乡镇级农村经营管理机构拥有的对外提供信息服务的电子显示屏。

4. 实现本级农经业务管理流程网络化的机构数：指利用内部的政务管理网络系统实现对农经各项业务流程网络化管理的地（市）、县（市、区）、乡镇农经机构数量。

5. 实现土地承包档案计算机管理的机构数：指利用计算机对所辖地区的农村土地承包档案进行存储和管理的地（市）、县（市、区）、乡镇农经机构数量。

6. 实现村集体三资计算机管理的机构数：指利用计算机对所辖地区的农村集体经济组织资金资产资源的有关信息进行存储和管理的地（市）、县（市、区）、乡镇农经机构数量。

7. 建立农经信息服务网站（页）数：指地（市）、县（市、区）、乡镇级农村经营管理机构建立的向互联网提供农经信息资源和信息服务的应用系统数量。若该网站（页）由上级农经机构建立和维护，则只由上一级统计，本级不统计。

8. 建立农经综合信息服务网站数量：指地（市）、县（市、区）、乡镇级农村经营管理机构建立的向互联网提供各项农经业务领域的农经信息资源和信息服务的应用系统数量。若该网站（页）由上级农经机构负责组织实施维护，则只由上一级统计，本级不统计。

9. 自主开发建立网站数量：指由地（市）、县（市、区）、乡镇级农

村经营管理机构自行筹资开发建立并进行维护和信息更新的应用系统数量。若该网站（页）由上级农经机构负责组织实施维护，则只由上一级统计，本级不统计。

10. 自主建立的农经业务综合管理系统数量：指由地（市）、县（市、区）、乡镇级农村经营管理机构自行筹资开发、运行、维护，具有对两项以上（含两项）农经业务进行管理和服务的功能，达到了对村集体、农民专业合作社和其他对象实施监管和服务的农经业务管理系统软件数量。

11. 自主建立的农村土地承包管理系统：指由地（市）、县（市、区）、乡镇级农村经营管理机构自行筹资开发、运行、维护，实现对农村土地承包经营权登记信息、土地流转信息和土地承包经营纠纷仲裁信息进行管理以及对外服务的系统软件数量。

12. 自主建立的农村集体三资监管系统：指由地（市）、县（市、区）、乡镇级农村经营管理机构自行筹资开发、运行、维护，通过建立农村集体资产和资源电子台账，实现对农村集体"三资"信息的规范管理、有效监管和全面公开的系统软件数量。

13. 自主建立的农民负担监管系统：指由地（市）、县（市、区）、乡镇级农村经营管理机构自行筹资开发、运行、维护，实现对涉农收费、惠农政策、涉农补贴信息进行网络化监管公开的系统软件数量。

14. 自主建立的农民专业合作社指导服务系统：指由地（市）、县（市、区）、乡镇级农村经营管理机构自行筹资开发、运行、维护，为合作社提供政策、市场、技术信息和咨询服务的系统软件数量。

15. 实现农村土地承包流转信息网上发布并及时更新的：指通过本级农经业务管理信息系统实现对所辖区域全部或大部分农户、合作社、企业以及其他主体发布农村土地承包流转信息的地（市）、县（市、区）、乡镇的数量。

16. 实现一事一议筹资筹劳项目网上审核及公示的：指通过本级农经业务管理信息系统实现对所辖区域全部或大部分村级一事一议筹资筹劳项目进行网上监管和公示的地（市）、县（市、区）、乡镇的数量。

17. 实现村级财务网上审计的：指通过本级农经业务管理信息系统

实现对所辖区域全部或大部分村级集体经济组织财务状况进行网上审计的地（市）、县（市、区）、乡镇的数量。

18. **实现村级财务网上公开的：**指通过本级农经业务管理信息系统实现对所辖区域全部或大部分村级集体经济组织财务状况进行网上公开的地（市）、县（市、区）、乡镇的数量。

19. **实现村级资产资源承包租赁招投标网上管理服务的：**指通过利用本级农经业务管理信息系统实现对所辖区域全部或大部分村级集体经济组织资产资源承包租赁活动进行网上公开招投标的地（市）、县（市、区）、乡镇的数量。

20. **实现村级建设项目招投标网上管理服务的：**指通过本级农经业务管理信息系统实现对所辖区域全部或大部分村级集体经济组织建设项目进行网上招投标的地（市）、县（市、区）、乡镇的数量。

21. **实现惠农补贴补助网上公开的：**指通过本级农经业务管理信息系统实现对所辖区域各项惠农补贴补助资金获得和发放情况进行网上公开的地（市）、县（市、区）、乡镇的数量。

22. **设置农经信息公开及查询站点的村数：**指在村内通过连接网络的计算机或触摸屏等终端显示设备，实现查询财务收支、一事一议筹资筹劳等各项农经管理服务信息公开的村数。

图书在版编目（CIP）数据

中国农村经营管理统计年报.2015年/农业部农村
经济体制与经营管理司，农业部农村合作经济经营管理总
站编.—北京：中国农业出版社，2016.8（2016.12重印）
ISBN 978-7-109-21958-8

Ⅰ.①中… Ⅱ.①农… ②农… Ⅲ.①农业经营—经
营管理—统计资料—中国—2015—年报 Ⅳ.①F324-66

中国版本图书馆CIP数据核字（2016）第179010号

中国农业出版社出版
（北京市朝阳区麦子店街18号楼）
（邮政编码100125）
责任编辑 张丽四 卫晋津

中国农业出版社印刷厂印刷 新华书店北京发行所发行
2016年8月第1版 2016年12月北京第2次印刷

开本：880mm×1230mm 1/32 印张：6.625
字数：150千字
定价：30.00元
（凡本版图书出现印刷、装订错误，请向出版社发行部调换）